# 건축의 디지털 문화

앙트완 피콩(Antoine Picon)은 과학과 공학의 훈련 속에서 또한 건축학 석사와 역사학 박사 학위를 취득했다. 그는 하버드 디자인 대학원과 케임브리지, 매사추세츠 공대에서 건축과 기술 역사 교수로 재직하고 있으며, 파리 에콜 나쇼날 드 퐁 에 쇼세(Ecole Nationale Ponts et Chaussées)의 연구원으로 있다. 그는 건축과 도시 디자인, 과학과 기술 사이의 관계들에 관해 광범위하게 책들을 발간했다. 그의 주요 저서들은 *French Architects and Engineers in the Age of the Enlightenment* (1988, 1992), *Claude Perrault ou la Curiosite d'un Classique* (1988), *L'Invention de l'Ingénieur Moderne* (1992), *La Ville Territoire des Cyborgs* (1998), *Les Saint-Simoniens. Raison, Imaginaire et Utopie* (2002) 등이 있다. 그는 또한 몇 개의 집합적 작품들의 편집자로, 이것들 가운데에는 1997년 파리 퐁피두 센터에서 발간된 공학자와 공학 사전 *L'Art de l'ingénieur* 가 있다.

김원갑

1959년 서울생

홍익대학교 건축학과 및 동대학원 졸업, 공학박사

경일대학교 건축학부 교수

저서: 「메트로폴리스: 아방가르드예술과 건축에 관한 13가지 주제」(열린책들), 「제2기계시대 현대성의 건축적 구현: 렘 콜하스의 건축」(시공문화사), 「건축과 시간속의 건축 (2009년 문화관광부 우수학술도서)」(시공문화사), 「13개 고원 위의 건축과 음악 (2010년 문화관광부 우수교양도서)」(시공문화사)

편저: 「광기와 밀집문화의 건축」(세진사), 「건축과 해체」(세진사), 「아키그램과 함께 춤을」(공간사)

역서: 「정신착란증의 뉴욕」(태림문화사), 「건축과 유토피아」(기문당), 「러시아: 세계혁명을 위한 건축」(세진사), 「이야코프 체르니코프의 건축적 환상」(세진사), 「건축의 향성과 흐름: 은유적 활성화와 건축(시공문화사)

# 건축의 디지털 문화
## Digital Culture in Architecture

Antoine Picon / 김원갑

Spacetime

# 서론

1980년대 중반만 해도 건축 사무실에서 컴퓨터는 거의 없었으며, 그것들은 일반적으로 워드 프로세서와 계산기로만 사용되었다. 초기 스케치부터 최종 렌더링에 이르기까지 디자인 자체는 수작업으로 이루어졌다. 1992년에 건축 디자인에 컴퓨터를 대규모로 시도한 한 예로서, 콜롬비아 대학 페이퍼리스 스튜디오도 많은 사람들은 일시적인 시도로만 여겼다. 그 후로 건축가들은 전자 장비와 소프트웨어 응용의 발전된 조류들과 직면하게 되었다. 컴퓨터와 스캐너, 프린터, 플로터들은 도처에 널려 있다. 오토 캐드나 마야, 혹은 라이노 같은 소프트웨어는 전문 기술의 표준으로 되었다. 오늘날 디지털 기술이 없이는 어떤 건축적 실무도 가능하지 않다. 요동하는 변화의 폭은 열광적 지지로부터 개방된 비평에 이르기까지 다양한 반응들을 촉발시켰다. 그렉 린(Greg Lynn)이나 윌리엄 미첼(William Mitchell), 피터 아이젠만, 혹은 프랭크 게리 같은 이론가와 실무자들이 일찍부터 디지털 도구에 의해 열린 새로운 지평을 지지한 반면, 케네스 프램튼(Kenneth Framton)이나 후아니 팔라스마(Juhani Pallasmaa) 같은 자들은 그것들에 더 유보적이었다.[1]

우리는 이제 열광이나 관심의 이러한 초기적 반응들을 지나갔다. 문제는 이제 디지털 기술이 디자인에 좋은가 나쁜가의 질문이 더 이상 아니다; 그것은 오히려 그러한 영향 아래에서 건축이 취하고 있는 방향에 관한 것이다. 일련의 기술적 혁신들에 직면하여, 우리가 가지는 유일한 확신은 그것들이 가져오는 도전이 대단하다는 것이다. 그것은 르네상스가 시작될 때 건축적 담론을 탄생시켰던 변형만큼이나 급진적이고, 지속적인 것으로 판명될 수 있다. 르네상스시기에 새로운 도구와 과정의 채택, 평면과 입면의 복수적 투영, 원근법적 재현 등은 근대적 건축가와 기술자의 탄생이나 개념에 주어진 새로운 중요성 등과 같은 더 넓은 현상들로부터 분리될 수 없었다.[2] 비슷하게, 디지털 장비와 소프트웨어의 보급은 건축의 정의와 내용에서의 일련의 전이들에 연결되는 듯 보인다. 이러한 전이들은 이 책의 주제를 이룬다. 하드웨어와 소프트웨어 이용의

1 그렉 린의 글들은 건축에서의 디지털 기술에 대한 가장 성공적인 초기적 지지들 중의 하나였다. 예를 들어 그의 「활성화된 형태」 *Animated Form*(New York: Princeton Architectural Press, 1998)를 참조할 것. 동일한 시기에 디지털 도구들의 비평은 프램튼의 텍토닉 찬양 속에서 문제가 된 주요 이슈들 중의 하나였다. Kenneth Framton, *Studies in Tectonic Culture, The Poetics of Construction in Nineteenth and Twentieth Century Architecture*(Cambridge, Massachusetts: MIT Press, 1995) 참조.

2 See for instance James S. Ackerman, *Distance Points: Essays in Theory and Renaissance Art and Architecture* (Cambridge, Massachusetts: MIT Press, 1991), Joël Sakarovitch, *Epures d'Architecture: De la Coupe des Pierres à la Géométrie Descriptive XVIe-XIXe Siècles* (Basel, Boston, Berlin: Birkhäuser, 1998)참조.

기술들을 넘어서, 이것의 목표는 그것들이 말하는 것에 대한 더 나은 이해에 기여하려는 것이다.

디지털 기술에 의한 결정적 역할은 그러나 편협한 기술적 결정주의의 함정으로 이끌어서는 안 된다. 기술은 많은 부분이 경제적, 사회적, 문화적 요소들에 의존하는 건축에서는 특히 거의 단순한 설명만이 아니다. 우리가 오늘날 목격하고 있는 변형들은 세계화 같은 조건으로부터 분리될 수 없다. 그것들은 또한 디지털 도구들에 대한 디자이너들의 최근의 경도보다 더 오래되고 더 복잡한 역사적 과정의 결과이기도 하다. 지난 15년들보다 더 확장되어, 컴퓨터의 초기 개발과 냉전 시대의 사이버네틱스의 건축에 대한 최초의 적용들조차 넘어서서, 이 과정은 19세기에서 20세기로 변환되던 시기의 정보 기초 사회의 탄생으로부터 실제적으로 시작되었다. 제임스 베니거(James Beniger), 알프레드 챈들러(Alfred Chandler), 제임스 코르타다(James Cortada) 같은 역사가들이 보여주었듯이, 컴퓨터의 발명을 가능하게 만들었던 것은 정보 사회였으며, 그 역이 아니다.[3] 디지털 건축의 어떤 양상들은 단지 이러한 확장된 역사적 조망 속에서만 이해될 수 있다. 이것이 이 책이 현대의 디지털 건축에 대해 정보 사회의 탄생으로부터 디지털 문화의 도래와 그것이 건축에 대해 미친 연속적 방식들에 이르기까지 하나의 여정으로서의 독해에 대한 개괄로 시작하는 이유이다.

앞서 언급되었던, 인공 두뇌적 틀 내에서 건축을 재사고하려는 시도들 같이, 상대적으로 잘 알려진 에피소드들과는 별도로, 이러한 여정은 건축적 포스트모더니즘의 창발에 대한 컴퓨터적 조망에 의해 발휘된 영향과 같이 다른 결정적 순간들을 노출시킨다. 그러한 유도는 현재를 고려하는 일련의 질문들로 이끈다. 예를 들어, 어느 정도로 현대의 디지털 파도는 이전에 생겼던 것들과 다른가? MIT 미디어랩의 설립자인 니콜라스 네그로폰테(Nicholas Negroponte)는 1995년 에세이 「디지털로 되기 *Being Digital*」에서 정보시대를 디지털 시대에 대비시킨다.[4] 그에 따르면, 첫 번째는 불특정의 대량 소비에 관한 것이었다면, 반면에 두 번째

3 James R. Beniger, *The Control Revolution: Technological and Economic Origins of the Information Society* (Cambridge, Massachusetts: Harvard University Press, 1986), Alfred D. Chandler, James W. Cortada (eds.), *A Nation Transformed by Information. How Information Has Shaped the United States from Colonial Times to the Present* (Oxford, New York: Oxford University Press, 2000).
4 Nicholas Negroponte, *Being Digital* (New York: 1995, 재판 New York: Vintage Books, 1996).

는 개인적 선호에 우선을 주었다. 네그로폰테가 그랬듯이 이 변화는 급진적인가? 개인에 주어진 강조는 현대의 건축 문화 내에서 원래의 표현을 발견했는가? 이것들은 한 세기에 걸쳐 정보와 디지털 기술, 건축 사이의 관계들의 완전한 역사를 고려할 때 나타나는 일련의 질문들이다.

이 책의 다른 장들은 오늘날 생기는 것들에 대해 주로 다룬다. 컴퓨터를 사용하는 가장 즉각적인 결과는 의심할 여지없이 복잡한 기하학을 제어하기 위해 그것이 제공하는 가능성들이다. "블롭"(blob), 접혀진 표면, 위상기하학적 특이성들이 넘쳐났으며, 종종 건축이 새로운 바로크 환경으로 들어가는 표현을 가져다주었다.[5] 그러나 이러한 형태학적 복잡성이 고려되어야 할 유일한 차원은 아니다. 컴퓨터 생산된 형태들의 단순한 유혹을 넘어서 가기 위한 시도 속에서 건축가들은 매개변수적 디자인에 연루된 핵심 법칙들에 점차 흥미를 가지게 되었다. 더 나아가서 코스타스 테르치디스(Kostas Terzidis)나 칼 추(Karl Chu) 같은 이론가들은 이제 상업적 소프트웨어의 단순한 사용 보다 더욱 혁신적인 방식으로 프로그래밍과 알고리즘적 과정들에 연관될 건축을 예견하고 있다.[6] 눈에 보이는 형태와 보이지 않는 전산적 기초 사이의 이러한 장력은 어떻게 발전될 것인가? 디지털 제작 기술은 확실히 중심적 역할을 할 것이지만, 그것들이 건축 디자인을 이끌어 나갈 방향은 여전히 불명확하다. 혹자는 기하학적 복잡성이 디지털 건축의 특징으로 남을지 아닐지를 또한 궁금해 할 수도 있다. 블롭들은 이미 자신들의 매력의 많은 부분을 상실했으며, 디지털 미니멀리즘은 어떤 점에서 지배적인 바로크식  표현을 대체할 수도 있다. 이러한 불확실성의 맥락에서 새로운 시학에 대한 요구는 아마도 최근의 실험들의 가장 지속적인 유산들 중의 하나를 재현할 것이다.

건물 부분들과 그것들의 의미의 위계를 결정했던 전통적 텍토닉의 위기는 현대의 디지털 건축 양상의 또 다른 결정적인 모습을 재현한다. 토요 이토의 센다이 미디어테크나 포린 오피스 아키텍츠(FOA)의 요코하마 터미널, 혹은 헤어

5 바로크 형태와의 유비는 Herbert Muschamp의 비평, "When Ideas Took Shape and Soared", in *The New York Times*, Friday, 26 May 2000, sect. B, p. 32에서 강조되었다.
6 Kostas Terzidis, *Algorithmic Architecture* (Oxford, Burlington, Massachusetts: Architectural Press, 2006).

조크와 드 뫼론(Herzog & de Meuron)의 베이징 올림픽 스타디움들의 실현은 이런 위기의 상징들이다.[7] 평행하게, 모더니티에 의해 추방되었던 장식은 극적으로 되돌아오고 있다. 국부적 요소보다는 표피적 조건으로서, 19세기와는 매우 다른 방식으로 정의되며, 디지털 장식은 많은 경우에 텍토닉을 조직적인 건축적 규범으로 대체하려 한다. 우리가 앞으로 보게 되듯이, 이러한 전이는 전체적으로 기술에 영향을 주는 훨씬 더 넓은 변화와 연관된다. 더욱 더 많은 경우들에서 기술적 산물과 시스템 내에서 주변적이건 상부 구조적이건 보조되었던 것은 이전의 보조적 역할을 핵심이나 하부구조적 수준으로 대체하고 있다. 소프트웨어의 점진적 중요성은 아마도 이러한 현상의 가장 훌륭한 예일 것이다. 컴퓨터 발전의 초기 단계에 소프트웨어는 하드웨어에 비해 훨씬 덜 전략적이었다. 이것은 소프트웨어의 응용이 종종 실제의 하부 구조를 재현하는 우리의 정보 운용적 세계에서 더 이상 적절치 못하다.

이러한 일반적 경향에도 불구하고, 우리는 텍토닉의 현재의 위기가 결정적 변화에 상응되는지 혹은 그것의 재정의로 이끌 일시적 약화에 상응되는지를 아직도 의아해 할 수 있다. 닐 리치(Neil Leach)로부터 세실 발몽(Cecil Balmond)에 이르기까지의 일련의 이론가와 실무가들은 새로운 텍토닉 지침서들이 궁극적으로 전통적인 것들을 대체할 것이라고 설득 당한다. 리치에게 있어서 "부유하는 텍토닉들"(swarm tectonics)은 동역학적 시스템의 더 나은 이해로부터 창발될 것이며, 반면에 발몽은 세기에 걸쳐 구조적 창의성을 억제해왔던 사고의 합리주의적 틀의 포기를 요구하고 있다.[8] 우리는 무엇을 기대하는가: 건축 디자인의 지침 법칙으로서의 텍토닉의 결정적 포기, 혹은 그것의 재창조? 질문은 디자이너에게 고도로 전략적이다.

내가 언급했던 다양한 이슈들의 영역을 완전히 이해하기 위해, 디지털 건축은 적어도 두 개의 맥락 속에서 대체되어야 한다. 첫 번째는 컴퓨터를 이용한 프로토타입화와 제작에 의해 펼쳐지는 새로운 지평과 물질적 생산을 고려한다.

7 Antoine Picon, "La Crise de l'Echelle et de la Tectonique Classique", A. Razavi와의 인터뷰, *D'Architectures*, no. 168, 2007 11월호, pp. 43-47 참조.
8 Neil Leach, "Swarm Tectonics", in Neil Leach, David Turnbull, Chris Williams (eds.), *Digital Tectonics* (London: Wiley-Academy, 2004), pp. 70-77, Cecil Balmond, Informal (Munich: Prestel, 2002).

프리패브와 주문제작을 최종적으로 조정하려는 가능성으로부터 로봇화의 가망성에 이르기까지, 건축은 생산의 급속히 변하는 맥락의 징후를 낳는다.

디지털하게 중재된 도시는 또 다른 맥락을 재현한다. 디지털 건축은 우리가 계획하고, 디자인하고, 무엇보다도 우리 도시가 모든 종류의 전자 장치들–컴퓨터, 휴대 전화, 개인의 디지털 보조기들, GPS 등–을 이용하는 경험의 방식에 영향을 주는 변화들로부터 분리될 수 없다. 물리적 현실과 가상의 현실 사이의 관계가 자신들의 완전한 영역을 취하는 것 같은 이슈들은 도시적 수준에서이다. 페이스북 같은 디지털, 소셜 네트워크의 시대에, 공공 공간들의 미래는 많은 부분에서 실제와 가상 사이의 성공적인 상호 행위에 의존할 것이다.[9]

디지털 건축의 발전과 현재 상태의 이러한 환기를 통해, 주요 흐름으로서 세 가지의 주제가 나타날 것이다. 첫 번째는 디지털 기술의 발전이 물리적 세계에 대한 우리의 경험의 재형상화와 가지는 긴밀한 연결이다. 디지털 장치의 충만한 현재는 디지털 확대 같은 자질들을 통해 우리의 비전 코드 뿐 아니라 듣기와 만지기에 대한 우리의 접근 등도 의미심장하게 재정의하는 것을 수반한다. 향기와 식사의 컴퓨터적 종합을 통해 냄새와 맛 또한 재정의의 이러한 과정에 의해 궁극적으로 고려될 것이다.[10] 또 다른 수준에서, 중량과 관성 같은 범주들 또한 물리적 세계와 디지털 세계의 경계에서 급속히 진화하고 있다. 이러한 진화들을 특징짓는 종합적 방식은 물성(materiality)의 개념을 언급하는 것이다. 건축에서 재료의 사용에 연관된 좁은 기술적 의미를 넘어서, 물성은 우리가 세계를 우리와 구별되고 또한 연결된 것 모두로 경험하고 이해하는 방식에 관한 것이다. 한편으로 물성은 우리의 상태로 되돌릴 수 없도록 만드는 외부 세계의 불명료함과 저항이지만, 다른 한편으로 물성은 우리의 감성과 인식으로 밀접하게 연결된다. 디지털 문화의 발전은 기술적 가능성과 감각적 증거의 교차점에서 물성에 대한 우리의 정의의 주요 변형으로부터 분리될 수 없다.[11] 장식 같은 차원에 대한 그것의 새로운 흥미를 통해, 디지털 건축은 이런 진화에 완벽히 참여한다. 결

9 See Valérie Châtelet (ed.), "Interactive Cities", *anomalie_digital art, n° 6*, (Orléans: Editions HYX, 2007).

10 예를 들어 Miko Zardini (ed.), *Sense of the City: An Alternative Approach to Urbanism* (Montreal: Canadian Centre for Architecture, Baden: Lars Müller, 2005), Caroline Jones (ed.), *Sensorium: Embodied Experience, Technology, and Contemporary Art* (Cambridge, Massachusetts: MIT Press, 2006).

11 나는 이 주제를 "Towards a New Materiality", in *Praxis. Journal of Writing+Building*, no. 6, 2004, pp. 114-121에서 실험했다.

국 현대의 건축적 장식은 특히 헤어조크와 드 뫼론의 작품에서 나타나는 확대와 픽셀화, 혼합 같은 디지털 과정에 연결되는 한편, 시각적일 뿐 아니라 촉각적이기까지 한 강한 감각적 차원을 가진다.[12]

두 번째의 반복되는 주제는 개인의 질문이다. 니콜라스 네그로폰테의 책, 「디지털로 되기 *Being Digital*」는 창발하는 디지털 문화에서 개인적 선호와 선택에 주어진 중요성에 관한 것이었다. 그의 책의 초판 이래로 개인의 웹 페이지와 블로그들은 아마존 같은 주요 인터넷 상업적 사이트들이 그들의 고객들의 개인적 신상들을 발견해내는 능력에 많은 부분 성공을 이룩하는 동안 계속 증식되었다. 비록 전자적 교류보다는 이런 종류의 진화에 덜 즉각적으로 감각적이지만, 건축은 점차적으로 그런 식의 고려가 이루어지고 있다. 건물의 개념은 결국 누가 그 속에 살 것인가의 지식으로부터 분리될 수 없다. 르네상스 건축은 인본주의에 의해 발전된 주제의 새로운 비전에 밀접하게 연결되었다. 비슷한 방식으로, 디지털 건축은 현대의 개인들의 감각적 차원에 대한 그들의 새로워진 흥미와 무엇보다도 그와 그의 환경 사이에 설정된 다양한 매개체들의 중요성 같은 현대적 개인의 주요 특성들에 더욱 더 의존하게 된다. 많은 면에서, 우리가 앞으로 보게 되겠지만, 현대의 개인은 이런 환경으로부터 구별되는 것 보다는 그것과의 연속성 속에서 해석되어야 한다. 디지털 건축은 인간의 전통적인 인본주의적 개념과는 급격히 다르게 만드는 이런 새로운 조건을 표현하려 하고 있다.

세 번째의 주제는 발생, 사건, 시나리오 등에 의해 취해진 점진적 중요성이다. 디지털 매체의 확산적 존재는 모든 종류의 실제적이건, 가상적이건, 계획되었건, 단순히 행해졌건 간에 사건들에 주어지는 중요성으로부터 분리될 수 없다. 건축적 수준에서, 이것은 예견되는 수행들의 관점에서 디자인의 접근을 촉진한다. 도시적 스케일에서, 발생과 사건들은 순환 체계의 상태로부터 도시적 발전의 시나리오들에 이르기까지 모든 곳에 존재한다. 이 모든 사건들은 컴퓨터 스크린과 프로그램 가능한 광고판 등에서 발표되거나 나타난다. 현대의 건축과 도

12 Rémi Rouyer, *Architecture et Procès Technique: Les Figures de l'Imaginaire, PhD dissertation*, Université de Paris I-Sorbonne, 2006.

시적 공간은 아마도 전통적인 기하학적 도구와 계량을 이용하는 것 보다는 이러한 발생들의 빈번함에 관심을 두며, 그런 것들의 관점에서 보다 더 잘 이해되고 측정될 것이다. 프랑스의 철학자 폴 비릴리오(Paul Virilio)가 자신의 에세이에 썼듯이, 도시들은 더욱 더 "떠나고 도착하는 것"(ce qui arrive), 무언가 일어나는 것이다.[13]

그것들이 비록 새롭고 매혹적인 가능성들을 열었을지라도, 세계에 대한 우리 경험의 재형상화와 개인에게 주어진 중요성의 증가, 사건들에 주어진 강조들은 또한 불안한 원근들과 동의어이다. 물성과 감각에 대한 배타적 초점은 자기 함정으로 될 수 있다. 더욱 더 개인화 되어 가는 사회에서 가치의 집합적 체계들은 보존되기 어려운 것으로 입증될 수도 있다. 역설적으로, 모든 종류의 사건에 몰두되어, 우리는 마치 과거는 더 이상 어떤 문제도 되지 않고, 예견되는 유일한 미래는 이미 존재하는 것의 강화였던 것 같이, 역사적 변화의 감각을 잃으려 한다.

이러한 위험들은 자신들의 한계를 절대로 의심하지 않는 세계적 자본주의에 의해 이끌리는 프로그램들의 완성과 감각들의 만족에 초점을 맞추려는 유혹과 함께 디지털적으로 생산된 건축 속에 존재한다. 이러한 소위 현실적인 경향은, 때때로 "포스트-비평적"[14] 이라 특징지어지며, 많은 디자이너들을 자기 시대의 조건들을 완전히 감싸기 위해 정치적 의식을 포기하도록 이끌었다. 그러나 건축이 과거를 망각하고 다른 미래의 약속에 무관심한 채 현재에서만 살아갈 수 있을까? 디자인이 세계를 완전히 다른 장소로 만들려는 야심도 없이 기억을 박탈당한 채 살아남을 수 있는가? 디지털 건축을 기다리고 있는 가장 심각한 도전은 아마도 이러한 경향을 극복하려는 욕구와 관련이 있을 것이다. 지속 가능성의 확장된 함축은 이미 디자이너들을 정치적, 사회적 관점으로 다시 생각하도록 압력을 가하고 있다. 아마도 추억과 유토피아, 이런 잊혀진 건축적 이상들을 재창조하기 위한 시간이 왔다고도 볼 수 있다.

13 Paul Virilio, *Ce Qui Arrive* (Paris: Fondation Cartier pour l'Art Contemporain, 2002).
14 Robert Somol, Sarah Whiting, "Notes around the Doppler Effect and other Moods of Modernism", in *Perspecta*, no. 33, 2002, pp.72-77.

# 인간,
# 컴퓨터와
# 건축

역사적 개괄

## 정보 사회의 창발

대량의 기술적 변화와 직면하여, 일반적인 유혹은 현재 일어나는 것이 마치 과거에 어떤 뿌리도 없는 듯이 현재에만 초점을 맞추려는 것이다. 고지식한 기술 애호가로부터 자신들의 위임을 앞당기는 어떤 것들로부터도 거리를 두려는 정치가들에 이르기까지, 이런 경향을 주장하는 수많은 자들이 있다. 반대의 편견은 진행되는 변형들을 지나간 과거의 단순한 결과로 환원시키려는 시도들로 이루어진다. 이것은 종종 역사적 발전을 지속되는 개념적 구조들의 결과들로 보려는 것에 익숙해진 철학자들의 경우에서 나타난다. 디지털 문화를 다루며, 전자의 개념은 그것의 급진적 새로움을 강조하는 담론들로 이끌었다. 역으로, 그러한 시도들은 우리의 디지털 세계로 이끄는 결정적 단계가 글쓰기의 발명이나 서구 철학의 탄생과 함께 수천 년 전에 발견된다고 고려하도록 만들었다.[1]

이 논쟁에서 역사가들은 중간적 영역을 점유하려 한다. 현재를 과거에서 분리하는 것을 거부하는 반면, 그들은 폭넓은 원근에 적절히 흥미를 가지게 됨으로써 기원과 발전의 문제들을 희석시키려 한다. 그들 대부분에 있어서 디지털 문화는 단지 몇 십 년보다는 길지만 여전히 글쓰기의 발명으로부터 확산적 전자 계산으로 이르는 경로보다는 짧은 진화에 뿌리를 둔다. 이런 두 가지의 범위들 사이에서 그들은 일반적으로 디지털 문화가 19세기에서 20세기로 전환되는 시기의 정보에 기초한 사회의 창발, 즉 기술 전문가들이 종종 2차 산업혁명이라 부르는 것에 대략 부합되는 주요 변형에 의해 가능하게 되었다는 사실에 동의한다.[2]

미국 프루덴셜 보험 회사, 회계, 부기, 감사와 배상 분과, 뉴저지, 뉴악 1916. 미국 프루덴셜 보험 회사 역사 공문서 보관소 소장물. 사무 직종의 괄목할 만한 발전은 2차 산업혁명의 주요 양상들 중의 하나였다.

기술과 산업의 변환과는 별도로, 증기력을 내연기관과 전기로 점차 대체하거나, 화학과 같은 급속히 발전하는 영역과 비교해 방직 생산의 중요성이 점차적으로 감소하는 것과 같이, 2차 산업혁명은 생산량, 운송 속도, 순환되고 소비되는 상품들의 양에서의 급속한 도약으로 대표되었다. 이러한 경향들이 특별

1 디지털 문화를 글쓰기의 아바타로 해석하는 것에 관해선 예를 들어, Clarisse Herrenschmidt, "Écriture, Monnaie, Réseaux. Inventions des Anciens, Inventions des Modernes", in *Le Débat*, no. 106, 1999년 9/10월호를 참조할 것.

2 예를 들어 David S. Landes, *The Unbound Prometheus: Technological Change and Industrial Development in Western Europe from 1750 to the Present* (Cambridge: Cambridge University Press, 1969); Bertrand Gille, Histoire des Techniques (Paris: Gallimard, 1978).

도판: 1890년 미국 통계조사에 사용된 홀러리스(Hollerith) 도표용 기계(tabulating machine). *Scientific American*, 1890년 8월 30일자 표지.

히 공표되었던 미국 같은 국가에서 그것들은 제네랄 일렉트릭이나 싱어 같은 거대한 회사와 공장들의 탄생 뿐 아니라, 또한 1890년대에 이미 수많은 카탈로그들을 우송했던 시어즈(Sears)와 로벅(Roebuck) 같은 상업적 회사들의 탄생 역시 가져왔다. 철도 산업에서 수십 년 전 시작되었던 진화에 이어 이러한 법인들은 조직과 경영의 새로운 문제들과 직면했다.[3] 상품들의 거대한 양과 그것들의 생산, 저장, 분배에 필요한 조작들의 계속 증가하는 숫자들을 어떻게 계속 추적했는가? 공장 바닥에서부터 사무실까지, 프레데릭 윈슬로우 테일러(Frederick Winslow Taylor)의 과학적 경영 법칙으로부터 사무원의 산출을 합리화시키기 위해 사용된 다양한 기술들에 이르기까지, 제임스 베니거(James Beniger)가 "제어의 위기"(crisis of control)라 부른 것을 해결하기 위해 시험되었던 모든 해결책들은 계속 증가하는 자료들, 연표들, 물품 목록들, 고객 명세서 등을 생성시키는 것을 포함했다.[4]

공업화된 국가에서, 전체의 사회는 그들의 공업적, 상업적 구조와 같은 동일한 진화 패턴을 따르고 있었다. 그것은 그 구성원들, 그들의 다양한 소속, 직업, 적절히 통치되기 위한 의견들에 대한 거대한 양의 정보들을 요구하며, 더욱 복잡해졌다. 자신들의 수천의 공급자와 고객들을 확인할 필요가 있는 거대한 회사들과 마찬가지로, 공공의 행정은 의료보험과 같이 새로운 요구들을 표현하는 수백만의 시민들에 관한 것들을 알아야 했다.

의미심장하게, 그 시대의 가장 결정적인 기술적 발명들 중의 하나로서, 펀치 카드에 저장된 자료를 읽기 위해 전기를 사용했던 전기 도표용 기계

3 Alfred D. Chandler, *The Visible Hand: The Managerial Revolution in American Business* (Cambridge, Massachusetts: Belknap Press, 1977).
4 James R. Beniger, op. cit.

(tabulating machine)는 이 후자적 유형의 난제를 해결하기 위해 발명되었다. 공학자인 허먼 홀러리스(Herman Hollerith)는 1890년 미국 통계조사를 위해 그것을 고안했는데, 1880년의 결과들이 1887년까지도 계속 해석되었던 현실에서 그것이 없었다면 작업의 처리는 불가능했을 것이다. 동일한 맥락에서 도표용 기계들은 대략 2,600만 명의 고용 기록을 유지하는 것을 필요로 했던, 1935년 승인된, 소위 당시에 “세계에서 가장 방대한 부기 업무” 였던, 미국 사회 보장법의 수행에서 매우 효율적이었다.5

대량의 정보 처리의 영웅적 시기와 우리의 컴퓨터 지배 세계 사이에는 직접적인 연결이 있다. 자신의 도표용 기계들을 생산하기 위해 홀러리스가 설립한 회사는 궁극적으로 IBM을 탄생시킨 일련의 다른 회사들과 합병되었다. 그러나 도표용 기계가 모든 종류의 기록기와 계산기들과 마찬가지로 타자기를 포함하는 사무용 기기들의 더 큰 환경의 부분이었던 것과 같이, 정보 처리는 더욱 일반적인 현상에 연관되었다: 결과적인 컴퓨터 발전의 기초를 구성했던 정보 기반 사회의 창발.

정보는 순환되고 공유되지 않는다면 어떤 사회적 타당성도 가지지 않는다. 정보 사회의 창발은 전화 같은 매체의 새로운 방식과 인쇄 같은 전통적 매체의 가공할 발전에 의해 가능하게 되었다. 20세기 초에 새로운 매체인 라디오 역시 정보 생산과 교환을 둘러싼 산업 사회의 재구성에서 근본적인 역할을 했다. 시작부터 정보 사회는 소통, 심지어는 원격 소통의 사회였다, 왜냐하면 전기 신호와 전파는 먼

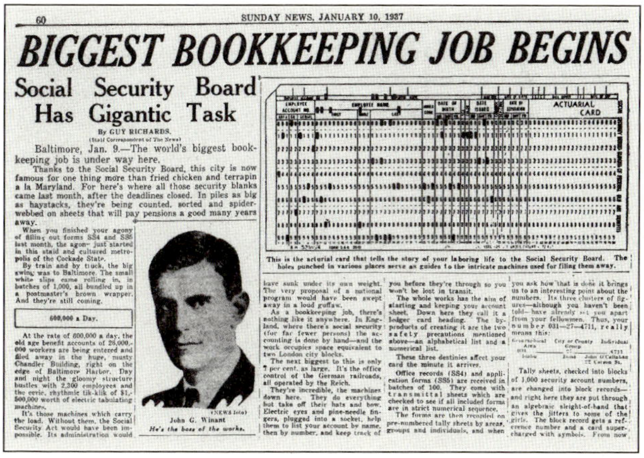
60 SUNDAY NEWS, JANUARY 10, 1937

# BIGGEST BOOKKEEPING JOB BEGINS

## Social Security Board Has Gigantic Task

By GUY RICHARDS.
(Staff Correspondent of The News)

Baltimore, Jan. 9.—The world's biggest bookkeeping job is under way here.

Thanks to the Social Security Board, this city is now famous for one thing more than fried chicken and terrapin a la Maryland. For here's where all those security blanks came last month, after the deadlines closed. In piles as big as haystacks, they're being counted, sorted and spider-webbed on sheets that will pay pensions a good many years away.

When you finished your agony of filling out forms SS4 and SS5 last month, the agony just started in this staid and cultured metropolis of the Cockade State.

By train and by truck, the big swing was to Baltimore. The small white slips came rolling in, in batches of 1,000, all bundled up in a postmaster's brown wrapper. And they're still coming.

600,000 a Day.

At the rate of 600,000 a day, the old age benefit accounts of 26,000,000 workers are being entered and filed away in the huge, musty Chandler Building, right on the edge of Baltimore Harbor. Day and night the gloomy structure bustles with 2,300 employees and the eerie, rhythmic tik-klik of $1,500,000 worth of electric tabulating machines.

It's those machines which carry the load. Without them, the Social Security Act would have been impossible. Its administration would have sunk under its own weight. The very proposal of a national program would have been swept away in a loud guffaw.

As a bookkeeping job, there's nothing like it anywhere. In England, where there's social security (for far fewer persons) the accounting is done by hand—and the work occupies space equivalent to two London city blocks.

The next biggest to this is only 7 per cent. as large. It's the office control of the German railroads, all operated by the Reich.

They're incredible, the machines down here. They do everything but take off their hats and bow. Electric eyes and pine-needle fingers, plugged into a socket, help them to list your account by name, then by number, and keep track of you before they're through so you won't be lost in transit.

The whole works has the aim of starting and keeping your account sheet. Down here they call it a ledger card heading. The by-products of creating it are the two safety precautions mentioned above—an alphabetical list and a numerical list.

These three destinies affect your card the minute it arrives.

Office records (SS4) and application forms (SS5) are received in batches of 100. They come with transmittal sheets which are checked to see if all included forms are in strict numerical sequence.

The forms are then recorded on pre-numbered tally sheets by areas, groups and individuals, and when you ask how that is done it brings us to an interesting point about the numbers. Its three clusters of figures—although you haven't been told—have already set you apart from your fellowmen. Thus, your number 031—27—4711, really means this:

Tally sheets, checked into blocks of 1,000 security account numbers, are changed into block records—and right here they are put through an algebraic sleight-of-hand that gives the jitters to some of the girls. The block record gets a reference number and a card supercharged with symbols. From now

John G. Winant
He's the boss of the works.

This is the acturial card that tells the story of your laboring life to the Social Security Board. The holes punched in various places serve as guides to the intricate machines used for filing them away.

거이 리처드 (Guy Richards), “가장 방대한 부기 업무가 시작되다” *Sunday News*, 1937년 1월 10일자, p. 60. 루즈벨트 대통령의 뉴딜의 주요 척도였던 사회 보장법은 효율적인 데이터 처리 기술이 없었다면 불가능했을 것이다.

5 Charles and Ray Eames, *A Computer Perspective: Background to the Computer Age* (Cambridge, Massachusetts: 1973, 재판 Cambridge, Massachusetts: Harvard University Press, 1990), pp. 22-23, 108-109.

거리의 수취인에게 거의 즉각적으로 닿을 수 있었기 때문이다.[6]

정보와 소통 혁명의 건축과 도시적 연루는 처음에 제한적이었다. 전화와 라디오는 가정의 조직에 별로 큰 영향을 주지 못했다. 미국에서 시작되어 많은 나라들에서 전차와 자동차는 도시 재형상화와 교외화의 추진에서의 새로운 매체보다는 훨씬 더 유용했다.[7] 이러한 제한적 영향에도 불구하고, 완전히 새로운 유형의 공간의 창발은 언급할 가치가 있다: 시스템의 상태나 조직이 전기판, 차트, 다이어그램 등을 통해 담당자에게 보여지도록 만들어진 제어실. 1898년 뉴욕의 콘 에디슨 회사에 의해 도입된 급전 지령센터는 이런 새로운 종류의 공간의 전형이었다.[8]

브룩클린 에디슨 워터사이드 역의 급전 지령센터. 콘 에디슨 협찬. 근대의 디지털 장치된 제어실의 원조.

미셸 푸코(Michel Foucault) 9가 분석한 원형 감옥 감시실의 후계자인 근대의 제어실은 그것이 제공하는 시각의 추상적 본성으로 인해 원형 감옥의 감시실과는 다르다. 그것은 더 이상 감옥이나 병원들의 감시되는 수감자가 아니다. 인간과 장면들 대신, 전기 계기와 수치, 차트들이 그 내부에서 일어나고 있는 것의 중재되고 코드화된 재현을 제공했다. 시스템의 물리적 현실이나, 그럼으로써 제어되는 조직과 그것의 추상적 재현 사이의 대비 속에는 드라마의 잠재력이 존재했다. 프리츠 랑(Fritz Lang)의 「메트로폴리스」같은 영화는 이러한 잠재력을 실험했다.[10] 이런 영화들에서 제어가 가해지는 장소들의 평온함과 공장의 가혹함 사이의 왜곡은 산업 사회의 문제점들의 고발에서 중요한 역할을 했다.

명확한 계보는 이 초기의 제어실에서부터 냉전 시대의 상황실, 그리고 이 시대의 컴퓨터 스크린으로 가득 찬 현대적 제어 공간으로 이끈다. 그것들이 일반적으로 가지고 있는 것은 일어나고 있는 것들의 중재되고, 암호화되고, 종종 추상적인 재현이다. 19세기와 20세기 사이의 전환기와 같은 초기 시절, 디지털

6 예를 들어 Armand Mattelart, *L'Invention de la Communication* (Paris: 1991, 재판 Paris: La Découverte, 1997).
7 예를 들어 Mark S. Foster, *From Streetcar to Superhighway: American City Planners and Urban Transportation, 1900-1940* (Philadelphia: Temple University Press, 1981).
8 James R. Beniger, op. cit., p. 302. 에디슨의 전기 네트워크와 그것들의 제어에 관해서는 다음을 참조할 것: Thomas P. Hughes, *Networks of Power: Electrification in Western Society 1880-1930* (Baltimore: John Hopkins University Press, 1983).

문화의 먼 씨앗들 중의 하나는 암호화된 정보를 직접적으로 시각화하는 대체 작업 가운데에서 발견될 것이다.

현대의 디지털 문화로 이끄는 또 다른 문턱은 창발되는 장력들로 특징지어지는 단계인, 정보 사회 내의 개인의 새로운 조건에 의해 제공될 것이다. 다른 한편으로, 정보 시대의 개인은 구스타브 르 봉(Gustav Le Bon) 같은 작가들이 군중 심리에 대한 연구들에서 논의했듯이, 집합적 행동 패턴에 굴복할 것으로 가정되었다.[11] 이러한 조망에 비추어 상상하자면, 개인의 형체는 점차 사라지려 할 것이었다. 그러나 다른 한편으로, 이런 익명의 상태는 프랑스의 아돌프 베르티옹(Adolphe Bertillon)이나 영국의 프란시스 갤튼(Francis Galton)같은 물리학자와 인류학

베르티옹은 신분 증명사진을 찍는다. 하버드 대학 도서관 미술 도서관 협찬. 개인의 신분 증명은 새로운 정보 기반 사회의 중심이었다.

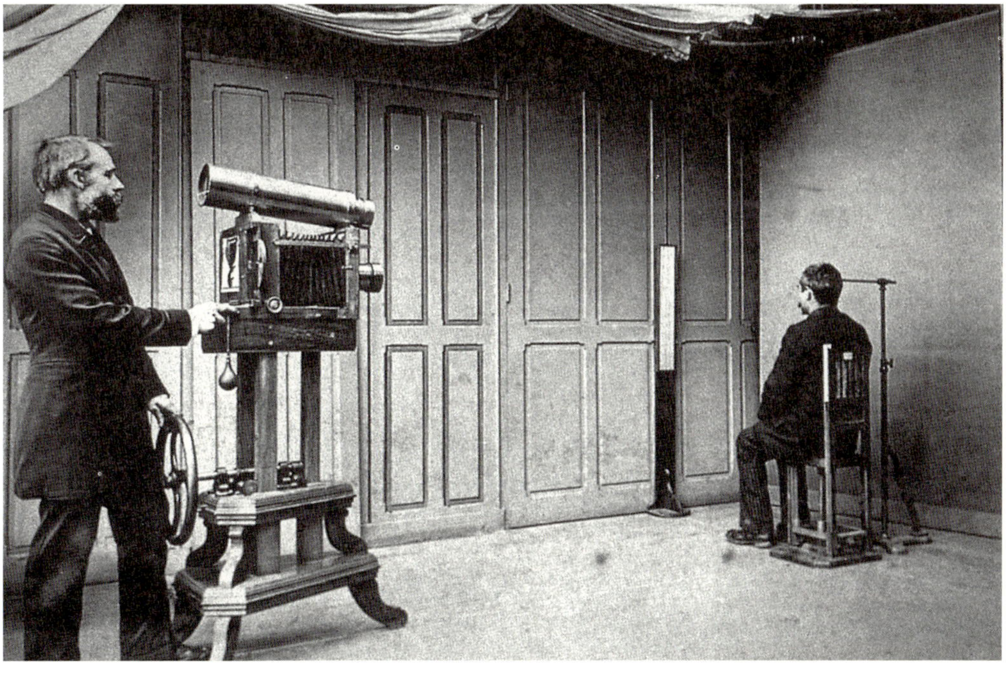

9 Michel Foucault, *Discipline and Punish: The Birth of the Prison* (Paris: 1975, 영어판 New York: Random House, 1975). 또한 Michel Foucault, "The Eye of Power: A Conversation with Jean-Pierre Barou and Michelle Perrot", in *Power/Knowledge: Selected Interviews and Other Writings, 1972-1977* (Paris: 1977, 영어판 New York: Pantheon, 1980), pp. 146-157.
10 Fritz Lang (dir.), *Metropolis* (1927).
11 Armand Mattelart, *op. cit.*, p. 272.

자들이 만든 측정치 같은 개인적 신분 증명 같은 확실한 방법론의 연구를 통해 균형을 이루었다. 갤튼이 주장한 지문의 사용은 이러한 연구의 결과였다.[12]

집합적 행태 패턴들과 개인적 특성 사이의 장력은 또한 메일 오더 판매 같은 근대의 상업적 실무의 핵심이었다. 이런 실습들은 고객들의 수입, 습관, 취향을 고려한 통계적 고정치가 없이는 불가능했을 것이다. 동시에 고객들의 효율적 경영은 또한 그들의 정확한 확인을 요구했다.

정보 시대의 개인은 물리적, 심리학적, 사회적 행태의 통계와 법칙들을 생산해내기 위해 모든 종류의 양적 측정과 시험, 조사치들에 종속되었다. 테일러(Taylor)의 과학적 경영은 요소별 생산 동작의 시간 측정으로 인해 그것의 운동과 분리될 수 없었다.

그러한 맥락 속에서, 혹자는 개인적 삶이 물리학자와 인류학자, 사회학자, 혹은 사업가들의 정보화된 응시 앞에 점점 투명해질 것이라고 생각했다. 이것이 만약 부분적인 경우였다면, 그렇게 획득한 지식은 일련의 새롭고 해결할 수 없는 복잡성들 속에서 그것의 반대급부를 발견했다. 마르셀 프루스트(Marcel Proust)에서 앙리 베르그송(Henri Bergson)까지, 문학과 철학은 시간의 개인적 경험을 양적 측정으로 환원시키는 것의 불가능함을 강조했다.[13] 초기의 심리 분석은 감추어진 켜들과 내적 투쟁으로 인해 정신의 복잡함을 탐구했는데, 그 복잡함은 수많은 사회적, 산업적 합리화의 옹호자들이 상상했던 마음의 직선적인 메커닉과는 매우 달랐다. 교란시키듯 더 미묘함은 주의력의 신비한 결여를 통해 검사관에 도전하기 위한 개인의 능력이었다. 예술사가 조나단 크레이(Jonathan Cray)가 훌륭히 보여주었듯이, 이런 결여들은 마네(Manet)부터 쇠라(Seurat)까지 이르는 예술가들을 고무시켰다.[14]

투명성과 불투명성, 혹은 오히려 예견 가능성과 그 반대 사이의 새로운 장력은 19세기 말과 20세기 초에 안드로이드들이 왜 그렇게 많은 소설가와 영화 제작자들을 매료시켰는지를 설명해준다. 그들은 어떤 자동인형과도 같이 정확

12 Charles and Ray Eames, *op. cit.*, pp. 28-30.
13 Stephen Kern, *The Culture of Time and Space 1880-1918* (Cambridge, Massachusetts: Harvard University Press, 1983).
14 Jonathan Crary, *Suspensions of Perception. Attention, Spectacle and Modern Culture* (Cambridge, Massachusetts: MIT Press, 1999).

히 예견 가능할 것으로 가정되었기에, 안드로이드들은 완벽히 결정된 개인의 상징으로 보였다. 그러나 실제의 인간은 측정이나 시험에 의해 결코 완벽하게 결정되지 않았기 때문에 안드로이드의 진정한 본성은 애매하게 남았다. 그것은 독립적 의지로 활성화되어 살아있을 수 있는가? 프랑스 소설가 오귀스트 비에르 드 리슬 아담(Auguste Villiers de l'Isle-Adam)은 자신의 소설 「기계부품의 미래 *L'Ève Future*」에서 점점 인간의 감정을 가지게 되고 자유 의지를 보여주는 인조 여성을 상상했다.[15] 프리츠 랑의 「메트로폴리스」에서 우리는 비슷하게 영화의 여자 주인공을 닮은 사악한 안드로이드가 실제 기계였는지를 의심해볼 수 있다.

에두아르 마네, *Dans la Serre*, 1879. bpk/ Nationalgalerie, Staatliche Museen zu Berlin 협찬. 사진: 엔더스Jörg P. Anders. 예술사가 조나단 크레이에 따르면 여인의 공허한 눈빛은 당시 과학과 예술적 상상 모두를 사로잡은 주의력 결여의 상징이다.

익명성과 개인의 신분 증명 사이의 장력은 더 높은 정도의 결단과 개인적 행태의 지속적인 예견 불능성 사이에서와 같이, 인간 주체의 새로운 조건의 구성 요소였다. 이 새로운 조건은 또한 정보가 종종 코드화된 형태로서 근본적 차원으로 되는 환경에 적응되기 위한 필연성으로 두드러졌다. 수사 기술과 동질의 해독 능력이 요구되었다. 그 시대에 탐정 소설이 대중적 장르로서 눈부시게 발전했다는 것은 놀랄만한 일이 아니다. 담배꽁초로부터 비밀스런 메시지에 이르기까지 모든 종류의 열쇠를 해독할 수 있는 능력을 가지고, 셜록 홈즈와 그의 동료들은 창발되는 개인의 어떤 근본적 양상들을 구체화했다.[16]

동일하게 드러나는 것은 홈즈의 지적 능력을 괴롭혔던 기분들이었다. 그

15 Auguste Villiers de l'Isle-Adam, *L'Ève Future* (Paris: 1886, 재판 Paris: José Corti, 1977).
16 이런 질문에 관해선 James Shawn Rosenheim, *The Cryptographic Imagination: Secret Writing from Edgar Poe to the Internet* (Baltimore: Johns Hopkins University Press, 1997)을 참조할 것.

것들이 없었다면 코난 도일의 영웅은 기계에 비유되었을 것이다. 주어진 환경을 해독하는 탐정의 기계와 같은 능력은 느낌과 기분들에 대해 고조된 감수성 내에서 자신의 반대급부를 발견했다. 이전에 일깨운 장력들과 같이, 기계와 같은 해독 작업과 즉흥적인 유머 사이의 대비는 정보 시대의 시작으로부터 우리의 디지털 현재에 이르기까지 개인의 지속적인 특징을 구성할 것이다.

## 컴퓨터 인식론의 부상

2차 세계대전 중의 컴퓨터의 발명은 이미 도표용 기계의 탄생을 가져왔던 대량의 정보 처리 기계들에 대한 탐구의 다음 단계로 나타난다. 그러나 그것은 또한 다른 의제, 그리고 때때로 더 오랜 연대기로 특징지어지는 일련의 영역들의 교차 수정에 의해 가능하게 되었다.

첫 번째의 영역은 전산의 기계화에 대한 고대적 관심으로 연결된다. 로마인들과 그들의 수판들과는 별도로 전산의 기계화는 17세기 과학자인 빌헬름 쉬카르트(Wilhelm Schickhardt)와 블레즈 파스칼(Blaise Pascal)의 최초의 덧셈 기계의 발명에 의해 실제로 주도되었다. 몇 십 년 후, 또 다른 과학자이자 철학자인 고트프리트 빌헬름 라이프니츠(Gottfried Wilhelm Leibniz)는 곱셈을 수행할 수 있는 기계를 상상했다.[17] 19세기 초의 수학자이자 기술자인 찰스 배비지(Charles Babbage)의 보편적 전산 기계에 대한 명석한 고찰이 즉각적인 후손이 없이 남았던 반면,[18] 쉬카르트와 파스칼, 라이프니츠의 유산은 매우 성공적으로 입증되었다. 19세기에서 20세기로의 변환기에 그들 기계의 먼 후계자가 세계의 많은 사무실에서 발견될 수 있었다.

수학적 논리와 상징적 전산은 근대의 전산의 발명으로 이끄는 또 다른 계통에 부합된다. 여기서 또 다른 중요한 기여자들은 다시 한 번 일종의 이진법의 가능성을 실험한 라이프니츠와 1854년 「사고의 법칙*Laws of Thought*」으로 근대 수

17 예를 들어 Stan Augarten, *Bit by Bit: An Illustrated History of Computers* (New York: Ticknor & Fields, 1984), Herman H. Goldstine, *The Computer: From Pascal to von Neumann* (Princeton: 1972, reprint Princeton: Princeton University Press, 1993), Robert Ligonnière, *Préhistoire et Histoire des Ordinateurs* (Paris: Robert Laffont, 1987)들을 볼 것.

18 Anthony Hyman, *Charles Babbage: Pioneer of the Computer* (Oxford: Oxford University Press, 1982).

UNIVAC 광고, 포튠 매거진, 1954. John W. Mauchly Papers, Rare Book and Manuscript Library, University of Pennsylvania. UNIVAC은 컴퓨터의 상업적 발전의 시작을 기록했다.

BRL의 ENIAC, 빌딩 328, US Army 사진. 왼쪽: 글렌 벡, 오른쪽: 프란시스 엘리자베스 스나이더 홀버튼.

SAGE 시스템, 제어실의 모습. The MITRE Corporation.

학 논리를 기초한 조지 불(George Boole), 정보 이론으로 변환되기 이전인 1937년에 MIT의 석사 논문에서 릴레이와 스위치 회로 디자인을 위해 불의 연산(Boolian operation)을 연결한 클로드 섀논(Claude Shannon)들이다. 앨런 튜링(Alan Turing) 또한 알고리즘 방식에 초석을 깐 전산 가능성에 관한 그의 작업으로 이 흐름에 연결될 수 있다.[19] 이 일련의 기여들은 전산을 고전적인 산술적 질문 보다는 논리로 재해석하도록 육성했다.

전자의 발견과 전자 튜브의 발명은 비록 전자 튜브의 사용이, 예를 들어 그것의 첫 번째 사례가 1937년 아이오와 주립대학에서 고안된 존 빈센트 아타나소프(John Vincent Atanasoff)의 기계로서, 전산 실험에서는 상대적으로 늦었지만, 업무에서의 또 하나의 도구로 되었다. 전자가 가져 온 것은 릴레이와 스위치 회로의 기술이 갖지 못한 속도였다.

역사적으로, 컴퓨터의 발명은 또한 20세기 전반부에, 해결하기 위한 문제들을 모델화하기 위해 숫자 대신 연속적인 물리적 현상을 사용하는 기계인, 아날로그 전산의 획기적 발전을 포함하는 많은 다른 역사적 요소들의 산물이기도 하다. 비록 디지털 전산이 마침내 우세하게 되었을지라도, 바네바 부시(Vannevar Bush)의 미분 해석기(Differential Analyzer) 같은 아날로그 기계들과의 경쟁은 오랫동

19 Souleymane Bachir Diagne, *Boole: L'Oiseau de Nuit en Plein Jour* (Paris: Belin, 1989), Andrew Hodges, *Alan Turing: The Enigma* (London: Simon & Schuster, 1983).

안 결정되지 않은 채 남았다.

계통과 영향들의 이 복잡한 미로 속에서, 2차 세계 대전은 대량의, 동시에 신속한 계산에 대한 필요로서 일종의 촉매제 역할을 했다. 방 전체를 차지하는 17,468개의 튜브들을 가진 최초의 거대 스케일 전자계산기인 에니악(ENIAC)은 초기에 탄도 발사 계산표의 흥미로운 전산을 검토하기 위해 디자인되었다. 1945년에야 완성되어, 그것은 초기의 목적을 위해서는 너무 늦게 도착했지만, 수소폭탄의 초기 작업에 사용되기에는 매우 적절한 시간이었다. 영국에서는 전자계산기가 앨런 튜링의 감독 하에 독일의 암호들을 해독하기 위해 만들어졌다.

에드먼드 버클리(Edmund C. Berkeley), 거대한 뇌, 혹은 사고할 수 있는 기계, 1948, 겉표지, 미니애폴리스, 미네소타 대학 찰스 배비지 연구소 협찬. 컴퓨터는 세계의 새로운 인식론적 접수의 창발에서 효과적이었다.

이 선구적 실현들을 따르며, 기억 장치와 중앙 처리 유닛, 제어 유닛을 갖춘 진정한 컴퓨터의 구축은 1945년에 수학자 존 폰 노이만(John von Neumann)이 이론적 논문에서 기술했고, 이어 곧 상업화되기 위한 새로운 유형의 최초의 기계인 UNIVAC 같은 일련의 실현이 뒤따랐다.[20]

미국이 이끈 서방과 공산주의 소련 사이의 장력은 그동안 한국전과 전 세계적인 핵전쟁의 위협과 함께 거의 반세기 동안 냉전의 탄생을 가져왔다. 냉전을 통해 컴퓨터는 더욱더 정교한 무기체계를 수행하기 위한 도구로서 역할을 했다. 군사 지향적인 연구는 소비에트의 핵공격을 막기 위한 북미의 레이더 제어를 공조하기 위해 1950년대에 디자인된 최초의 효과적인 컴퓨터 네트워크인 반자동 지상 환경 시스템, 즉 SAGE 시스템 같은 계획들을 통해

20 Stan Augarten, *op. cit.*, Herman H. Goldstine, op. cit., Robert Ligonnière, op. cit., Paul Rojas, Ulf Hashagen (eds.), *The First Computers: History and Architecture* (Cambridge, Massachusetts: MIT Press, 2000).

NORAD 지휘센터
이미지: 미 공군.

그 시대의 주요 혁신적 기원을 가진다. 네트워킹 이외에도, SAGE 사업은 자기 핵심 기억, 비디오 디스플레이와 아날로그를 디지털로 변환시키는 기술 등의 핵심 기술들의 노력에서 효과적이었다.[21]

1970년대의 PC의 발명 같은 후일담은 여기서 단순히 언급하기에는 이미 충분히 잘 알려져 있다. 이 책의 목적에 비추어서는 컴퓨터의 초기 발전과 사용을 수반하는 인식론적 차원을 주장하는 것이 더 중요하다, 왜냐하면 그 당시에 만들어진 가정들이 오늘날에도 여전히 영향력을 발휘하기 때문이다.

사이버네틱스와 인공 지능, 시스템 이론, 연산 연구 같은 접근을 통해, 컴퓨터는 냉전의 관점과 깊은 부합 관계에 있는 세계의 새로운 관점을 그리는 데에 도움이 되었다. 새로운 비전은, 자연적이건 인공적이건, 상대적으로 단순한 요소들 사이의 상호 작용의 결과로서, 복잡성에 대한 환원주의적 접근에 기초했다. 이런 가설은 두뇌와 컴퓨터 사이, 신경과 정보의 기본적 비트 사이의 유비를 그려내는 것을 가능하게 했는데, 그것이 노베르트 비너(Norbert Wiener)의 사이버네틱스의 핵심이었다.[22] 그 시대의 환원주의적 인식론은 전산화된 기술적 환경과의 더욱 밀접한 연결을 통해 더 잘 연산될 수 있는 일종의 기계로서의 인간 주체의 해석으로 이끌었다. 연산의 개발은 무기 시스템의 증가하는 복잡성에 몰두한 군대에 특별한 흥미를 제공했다. 이것은 인간과 기계 사이의 접속(interface)을 보철과 이식을 가능하게 포함할 수 있는 방식으로 재사고하는 것을 수반했다. 정신과 컴퓨터 사이의 유추에 의해 이론적으로 가능하게 됨으로써, 인간 육체와 기술의 혼성, 개인적 사이보그 등의 조망이 창발했다.[23]

전통적 대상물들을 그들의 다양한 맥락 속에서 보는 대신, 냉전의 군사

21 SAGE 시스템에 관해선 Paul Edwards, *The Closed World: Computers and the Politics of Discourse in Cold War America* (Cambridge, Massachusetts: MIT Press, 1996)를 참조할 것.
22 사이버네틱스에서 구체화된 세계의 비전에 관해선 예를 들어 Steve Joshua Heims, *Constructing a Social Science for Postwar America: The Cybernetics Group, 1946-1953* (Cambridge, Massachusetts: MIT Press, 1991), Jean-Pierre Dupuy, Aux *Origines des Sciences Cognitives* (Paris: La Découverte, 1994)등을 참조.
23 Les Levidow, Kevin Robins (eds.), *Cyborg Worlds: The Military Information Society* (London: Free Association Books, 1989), Paul Edwards, *op. cit.*

적 사이보그는 기회의 창과 목표, 시나리오와 사건을 보도록 가정되었다. 이러한 공격적 변환의 흔적들은 초기 전쟁 게임의 유산인 비디오 게임에서 요구되는 경향 속에서 오늘날도 여전히 발견될 수 있다. 공격성 외에도, 사이보그를 군대 위계에 더욱 순종적으로 만드는 것과 마찬가지로 더욱 효율적으로 만들기 위해 심리적 내면성을 지우는 것도 추구된 목표들 중의 하나였다. 다시 한 번, 비디오 게임들은 그들이 종종 가정했던 비판적 반성과 자기 인식을 닮는 어떤 것에도 임시적 보류를 한다는 점에서 이런 대상물의 흔적을 간직하는 듯 보인다.

조종실과 제어실, 상황실 등은 일상적 현실보다는 코드화된 형태의 정보가 더 중요한 사이보그의 자연적 주거, 장소로 여겨졌다. 미리 결정된 심리적 내면에 의존하는 대신, 사이보그의 정체성은 결국 그러한 환경들과 메시지를 교환하는 능력과 관계된다. 북미 항공방위 사령부인 NORAD 샤이앤 마운틴 기지와 같은 이런 많은 장소들은 군사 기지로부터 도시들로, 핵공격 같은 시나리오들의 목표물, 적군의 영공 침공 같은 사건들의 목표물들의 디지털 재현에 집중하기 위해 외관이 없었다. 이런 급진적 폐쇄 형태로써, 20세기 초에 나타난 정보 기초의 팬옵틱 조직은 이제 그 절정에 달했다.

이런 공간들의 위상은 그동안 변화했다. 세기의 전환에도 여전히 주변부에 있으며, 그것들은 이제 냉전 세계의 상징, 자체로 폐쇄된 세계, 두 명의 선수들이 서로 끝없이 대결하고 있는 체스 판에 비교될만한 세계로 되었다.[24]

인공위성이 돌고 있고 원격 소통 네트워크가 순환되는 지구의 유한성, 어느 순간에도 폭발할 수 있는 우주선에 비교될만한 혹성이 핵 게임을 왜곡되게 진행시켜야 한다는 것은 시대의 위대한 발견들 중 하나였다. 이러한 실현은 전후 시기에 환경을 보호하려는 대안 운동들과 군대 사이에 세워진 어느 정도 혼란스런 묵인을 설명해준다. 두 진영 모두는 세계가 유한하며, 경영의 더욱 전 지구적인 형태를 필요로 한다는 상황에 설득 당했다. SAGE 시스템의 아버지인 제이 포레스터(Jay Forrester)로부터 이 시대의 다방면의 리더인 리처드 벅민스터 풀러

24 Paul Edwards, *op. cit.*

강철과 실리콘: 로보캅

(Richard Buckminster Fuller)에 이르기까지 이들 모두는 지구 문제들에 대한 전체론적 접근의 열정적 변론자로 되었다.

그 시대의 군대와 대안 운동들 사이의 또 다른 수렴은 인간을 그의 환경에 연결시키는 정보의 흐름들에 의해 취해진 점진적 중요성과의 연계 속에서 인간 주체를 재형상화하려는 기술이 제공한 가능성에 대한 그들의 공통된 흥미였다. 그러나 군사용 사이보그가 전적으로 제어용이었다면, 그것의 대안적인 반대편은 인간과 기술, 그리고 그것이 노출시킨 일탈의 조망 사이의 공생의 불명확성에 초점을 맞추었다. 인간의 경계를 넘어서고, 그럼으로써 전통적 분류 기준을 벗어났기 때문에, 사이보그는 자유의 새로운 공간들을 탐구할 수 있었다. 접근의 차이는 약물의 사용을 고려할 때 특히 드러난다. LSD 같은 물질들이 미래의 완벽히 훈련된 전사를 만들어내려는 목적을 가진 군사 프로그램의 부분이었던 반면, 그것들이 대안적 단체들에서는 일탈적 해방의 목적으로 사용되었다.

이런 서로 다른 관점들은 개인의 정의와 관련된 전환기 애매함의 일련의 유산과 관련을 가진다. 다시 한 번 나타나는 것은 반대적 관점에서 인간 주체를 해석하기 위한 가능성–적어도 만약 우리가 사이보그를 그것의 기술적 차원에도 불구하고 원래 인간으로 간주한다면–이었다: 한편으로는 제어, 다른 한편으로는 일탈. 후자의 해석은 이후의 포스트모더니스트 이론들을 특징지으려 했다.[25] 인류학자 도나 해러웨이(Donna Haraway)는 1985년의 영향력 있는 에세이에서 예를 들어 성별이나 종족에 대한 사이보그의 무관함을 강조했다. 해러웨이에 따르면, 이런 무관함은 개인과 집합적 자유, 후에 사이버페미니즘(cyber feminism)에 의해 발전된 입장들의 새로운 가능성을 열었다.[26]

확정 대 불확정, 제어 대 자유: 현대의 디지털 문화는 우리를 비슷한 대

25 냉전 사이버네틱과 주체의 포스트모던 비전 사이의 계통에 관해서는 Peter Galison, "The Ontology of the Enemy: Norbert Wiener and the Cybernetic Vision", in *Critical Inquiry*, vol. 21, no. 1, 1994년 가을호, pp. 228-266을 볼 것.
26 Donna Haraway, "Manifesto for Cyborgs: Science, Technology, and Socialist Feminism in the 1980s", in *Socialist Review*, vol. 15, no. 2, 1985, pp. 65-107.

안들과 직면시킨다. 「다빈치 코드 *The Da Vinci Code*」[27] 같은 소설에서 수수께끼의 순수한 해독자로 최근에 재해석된 탐정은 제쳐두고라도, 사이보그는 그 불안한 존재로 인해 대중 문학과 영화의 또 다른 상징적 존재로 되었다. 블레이드 러너, 터미네이터, 로보캅, 혹은 인공 지능 같은 영화들은 수백만의 관객들을 그/그녀의 혼성 조건, 부분 기계와 부분 인간 육체 등으로 인해 야기된 딜레마로 끌어 들였다.[28] 예를 들어 폴 베호벤의 로보캅에선 내적 투쟁과 고통을 통해 기술적으로 고양된 법 집행자는 그의 프로그래머에 의해 그에게는 원천적으로 거부된 자유를 되찾는 것으로 끝난다. 피부를 이식하거나 신경계와의 직접적인 접촉으로 보철 장치를 이식하는 가능성과 같이 제약업의 최근의 발전의 징후와 함께, 유전자와 나노 공학의 전제로써, 사이보그 조망은 아마도 냉전 시대보다는 오늘날 더 빈번하게 보인다.[29] 그것은 개인의 능력과 방어를 늘리기 위해 "스마트 먼지"의 원천을 기동시키는 것을 상상하는 독일 건축가 위르겐 마이어(Jürgen Mayer H.)의 이론적 계획 "보디가드"의 영감의 원천들 중의 하나다. 1950년대와 60년대에 다양한 디자이너와 계획가들은 자신들에게 사이보그를 위해 어떻게 건설을 할 것인가를 물었다. 사이보그를 위한 주택들: 질문은 여전히 열린 채로 남아 있다.[30]

인간과 같은 로봇을 향해?

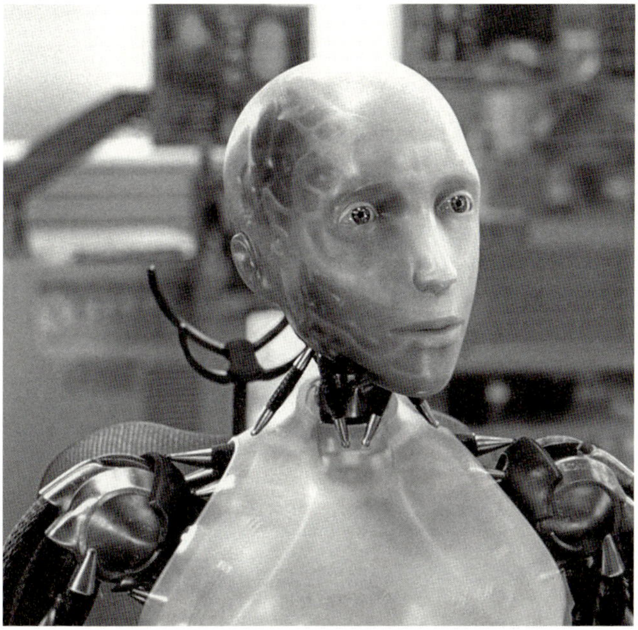

27 Dan Brown, *The Da Vinci Code* (New York: Doubleday, 2003).
28 Ridley Scott (dir.), *Blade Runner* (1982), James Cameron (dir.), *The Terminator* (1984), Paul Verhoeven (dir.), *RoboCop* (1987), Steven Spielberg (dir.), *A.I. Artificial Intelligence* (2001). 이런 유형의 영화들에 관해선 Janice Hocker Rushing, Thomas S. Frentz, *Projecting the Shadow: The Cyborg Hero in American Film* (Chicago, London: Chicago University Press, 1995)를 볼 것.
29 Andy Clark, *Natural-Born Cyborgs: Minds, Technologies, and the Future of Human Intelligence* (Oxford: Oxford University Press, 2003).
30 우리는 이 공식을 Anthony Vidler, *The Architectural Uncanny: Essays in the Modern Unhomely* (Cambridge, Massachusetts: MIT Press, 1992), p. 147에서 인용했다.

## 건축과 계획 패턴, 시스템과 네트워크에서의 사이버네틱스

우리는 인간 주체를 점점 인공적으로 되는 주변 환경에 어떻게 적응시켰는가? 사이보그 전망은 이러한 질문에 연결되었다. 후자는 그 변환기에 인간이 자신의 환경에 어떻게 연관되는가를 고려할 때 더 넓은 일련의 질문들로부터 분리될 수 없다. 그런 질문들은 2차 세계 대전 이전에 근대 건축가들을 사로잡기 시작했다. 1930년대 후반 런던에서 이러한 관심은 망명 예술가들과 마틴 그로피우스(Martin Gropius), 라즐로 모홀리-나기(László Moholoy-Nagy), 혹은 베어톨트 루베트킨(Berthold Lubetkin) 같은 독일과 동유럽의 건축가들, 그리고 후에 생태학으로 알려지게 되는 장(field)을 실험했던 줄리언 헉슬리(Julian Huxley) 같은 영국 과학자들 사이의 일련의 생산적 만남을 통해 더욱 결정적인 변화를 맞이했다.[31]

새들이 모더니스트 환경 속에서 어떻게 자라는지를 보여주기 위해 계획되었던 루베트킨의 런던 동물원 펭귄 풀장은 이런 만남들의 가장 즉각적인 시각적 유산들 중의 하나였다. 이 에피소드는 건축 영역에서 사이버네틱스 개념을 교환시키려는 전후 시도들을 위한 길을 깔았던 연구 계획을 추진하는 것에서 역시 도움이 되었다. 전쟁 또한 다른 과학자, 물리학자 들이 특히 방공호에서 작업했던 세르게이 체마예프(Serge Chermayeff) 같은 건축가들과 긴밀히 협조하도록 강제함으로써 이 사건에서 역할을 했다. 1950년대와 60년대를 통해 미국과 영국 모두는 1969년의 "사이버네틱스의 건축적 관련성"에 관

베어톨트 루베트킨, 런던 동물원의 펭귄 풀장, 1934. 모더니스트 환경은 후에 생태학으로 되는 것에서의 하나의 레슨을 의미했다.

31 Peder Anker, "The Bauhaus of Nature", in *Modernism/Modernity*, vol. 12, no.2, 2005년 4월호, pp. 229-251.

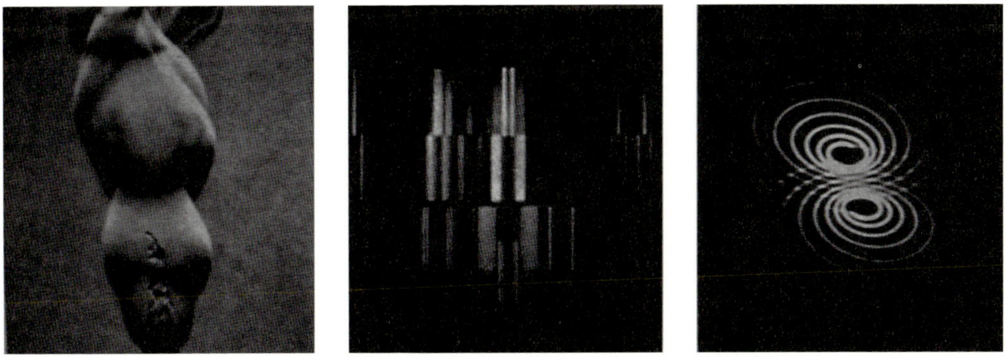

케페스의 책 「예술과 과학의 새로운 풍경」, 1956에서 발표된 노베르트 비너의 아티클 "자연 세계 내의 순수한 패턴들"을 위해 게오르기 케페스가 제공한 도해들. Martin, Reinhold, *The Organizational Complex: Architecture, Media, and Corporate Space*, 그림 1. 10. MIT 협찬, 줄리 케페스 스톤 협찬.

한 영향력 있는 아티클[32]의 작가인 고든 패스크(Gordon Pask) 같은 존재들을 통해 인공두뇌 지향적 건축 연구의 주요 장소로 남았다.

대서양의 다른 편에서, 건축에서의 사이버네틱스의 사용에 관한 반영과 실험들이 더 큰 스케일로 발전되었다. 이론적 시점에서, 그것들은 정보 처리가 자연과 인간 조직 모두에서 관찰될 수 있는 패턴들을 탄생시켰다는 가정에 기초했다. 그런 패턴들은 피드백 순환 고리 같은 주요 인공 두뇌적 현상들의 시각적, 공간적 번역으로서 나타났다. 그것들을 적절히 확인하고 기동시킴으로써, 건축은 구축 환경을 더욱 효율적으로 만들 수 있었고, 그럼으로써 거대 기업과 마찬가지로 군사용으로도 홍보된 제어 지향적 사회에 기여를 했다. 패턴들은 여기서 정보의 가장 직접적인 시각적 번역과 같이 여겨진다.

1950년대에 라즐로 모홀리-나기의 이전 동료이자 동유럽으로부터의 또 다른 망명자로, MIT에서 가르치기 위해 미국으로 이민가기 이전에 처음으로 런던으로 온 게오르기 케페스(Gyorgy Kepes)는 중요한 일련의 전시와 책들을 통해 이 개념들을 대중화했다. 그가 1956년에 편집한 「예술과 과학의 새로운 풍경 *The New Lasndscape in Art and Science*」에서 노베르트 비너는 "자연 세계 내의 순수한 패턴들"에 관해 썼고, 반면에 리처드 노이트라(Richard Neutra) 같은 건축가는 열광적

32 Gordon Pask, "The Architectural Relevance of Cybernetics", in *Architectural Design*, 1969년 9월호, pp. 494-496.

에로 사리넨, IBM 제작, 훈련시설,
미네소타, 로체스터. IBM사
문서보관소 협찬.

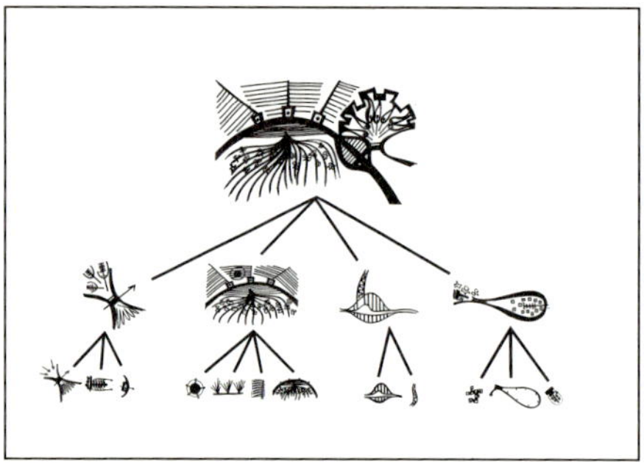

크리스토퍼 알렉산더, "다이어그램 트리", 패턴 이론의 마을 디자인에 대한 적용. 크리스토퍼 알렉산더, 「형태의 종합에 관한 노트」, p. 153 재인용.

으로 디자인과 인공두뇌 지향적 신경 생리학 사이의 밀접한 제휴를 요구했다.[33] 몇 년 후에, 패턴들은 크리스토퍼 알렉산더(Christopher Alexander)의 이론적 작업의 핵심으로 되었다. 1964년 그의 하버드 디자인 대학원 박사학위 논문에서 나온 그의 「형태의 종합에 관한 노트 *Notes on the Synthesis of Form*」는 결국 패턴들의 확인과 조합에 기초했다.[34] 비록 인공 두뇌적 고려는 알렉산더에게는 케페스 만큼 중요하지 않았지만, 그 원근은 근본적으로 동일한 것으로 남았다.

사옥 건축(corporate architecture)은 패턴에 기초한 접근이 가장 큰 성공을 거둔 영역들 중의 하나였다. 2차 세계대전 이후에 유행했던 "인간관계" 노선은 직원들의 작업과 그것들을 더 낫다고 인식되는 환경을 통한 사옥으로 통합하는 것 사이의 연결을 강조했다. 자연적인 것과 인공적인 것 사이, 공간적인 것과 사회적인 것 사이의 간격을 연결해 줌으로써, 패턴들은 특히 사무실과 공장 디자인의 문제에 접근하는 편리한 방식을 제공했다. 그것들의 사용은 개인들과 단체들을 사옥 전체로 유기적으로 통합하는 것과 동일한 의미의 질문으로 보이는, 모듈라리티와 반복의 체계적 질문에 기초한 새로운 유형의 사옥 건축의 창발에 도움이 되었다. 1945년에서 1956년 사이에 미시건 워렌에 세워진 에로 사리넨(Eero Saarinen)의 제네랄 모터스 기술센터는 미네소타 로체스터에 1958년에 세워진 IBM 제작, 훈련 시설과 같이, 이 새로운 개념의 상징이었다.[35]

사리넨과는 별도로, 많은 다른 건축가들은 새로운 사옥 공간의 정의에 능동적으로 몰두했다. 그들 중 어떤 이들은 심지어 인간, 기계, 회사 조직 사이의 더 나은 통합의 원근에서 컴퓨터

33 Reinhold Martin, *The Organizational Complex: Architecture, Media and Corporate Space* (Cambridge, Massachusetts: MIT Press, 2003).
34 Christopher Alexander, *Notes on the Synthesis of Form* (Cambridge, Massachusetts: Harvard University Press, 1964). 알렉산더의 접근에 관해서는 Stephen Grabow, *Christopher Alexander: The Search for a New Paradigm in Architecture* (London: Oriel Press, 1983)을 볼 것..
35 Reinhold Martin, op. cit. 또한 Frédéric Nantois, *La Révolution Informationnelle en Architecture (De 1947 à Nos Jours): De la Cybernétique au Cyberespace*, PhD dissertation, Université de Paris VIII-Vincennes-Saint-Denis, 2002 참조.

IBM 시스템/360 모델 85 모습. 1968년. IBM사 문서보관소 협찬. 인공두뇌와 시스템적 관심에 영향을 받아, 모듈라리티는 건물과 기계의 일반적 특징을 재현한다.

시스템들의 공간적 조직을 고안하기도 했다. 그것은 IBM에서의 엘리엇 느와예(Eliot Noyes)의 임무들 중의 하나였다. 1960년대에 느와예는 시스템/360의 디자인을 도왔는데, 그것은 그 시대의 모듈라리티에 대한 일반적 요구를 반향한 조합 가능한 구성 요소들이었다. IBM은 로고에서부터 건축 시설에 이르기까지 확장되는 응집력 있는 디자인 정책을 추구했다. 사리넨과 느와예 외에도 찰스와 레이 에임즈(Charles and Ray Eames) 역시 회사에 고용되어 그들에게 부여된 다양한 일거리들을 신임받았다. 그것들 중의 하나는 1971년도의 전시, "컴퓨터 원근"(A Computer Perspective)이었는데, 그것은 뉴욕의 IBM 사옥 전시 센터에서 전시되어, 몇 년 후에 동일한 제목의 책으로 나왔다.[36]

36 Charles and Ray Eames, op. cit. On IBM 디자인 정책에 관해서는 John Jeffrey Harwood, *The Redesign of Design: Multinational Corporations, Computers and Design Logic, 1945-1976*, PhD dissertation, Columbia University, New York, 2006 참조.

세드릭 프라이스, 펀 팰리스의 실내 투시도.
세드릭 프라이스 재단, 캐나다 건축 센터 협찬.

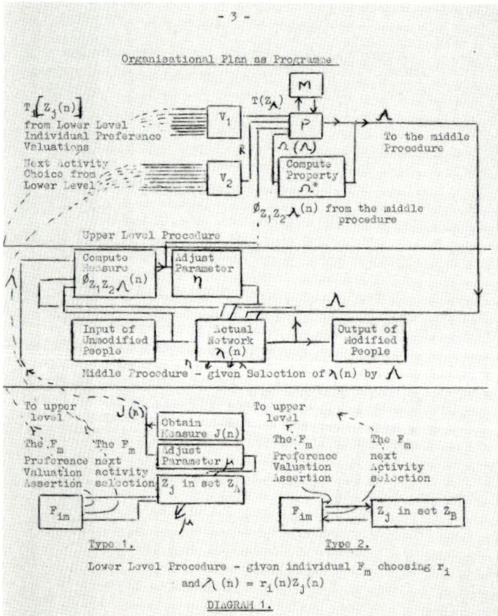


고든 패스크, "프로그램으로서의 조직도", 1965년 1월 27일 펀 팰리스 인공두뇌 위원회 회의록에서 인용. 세드릭 프라이스 재단, 캐나다 건축 센터 협찬.

에임즈 형제는 건축에서의 컴퓨터 문화의 점진적 영향을 대표했는데, 그 영향은 미국에만 한정되지 않았다. 예를 들어 영국에서 인공두뇌 이론은 1960년대 가장 흥미로운 계획들 중의 하나인 세드릭 프라이스(Cedric Price)의 펀 팰리스(Fun Palace) 계획에도 영향을 주었는데, 그것은 퍼포먼스 예술을 위한 거대한 센터로, 유연한 구조는 종종 렌조 피아노(Renzo Piano)와 리처드 로저스(Richard Rogers)의 퐁피두 센터 영감의 주요 원천으로 표현되곤 했다. 프라이스는 펀 팰리스에서 대중과 배우 사이의 연속적인 상호 작용을 허용해주는 인공 두뇌적 극장을 상상했다. 그는 관람객의 다양한 반응들을 통합해 그 결과를 배우들에게 전달하는 무대 뒤 컴퓨터의 사용을 포함하는 디테일한 제안들을 계획한 고든 패스크(Gordon

Pask)와 함께 그 목표를 위해 작업했다.37 이후, 1976년, 프라이스는 길먼 제지 회사의 지능 교육과 레크리에이션 센터인 제너레이터 계획에서는 심지어 더 나아가려 했다. 인공 지능의 선구자 존 프레이저(John Frazer)의 도움으로, 그는 프로그램 가능할 뿐 아니라 사용자에 대해 비강요적 제안을 만드는 능력을 부여받은 모듈러 시스템을 상상했다.38

세드릭 프라이스가 이 경로를 따라 가장 진보적인 건축가들 중의 하나였지만, 그가 컴퓨터를 건축의 역동적 원천으로 가동시키려 한 유일한 사람은 결코 아니었다. 후에 거대 구조 운동으로 알려지게 되는 것들을 고안한 다양한 건축가들 또한 가능성에 개방되었다.39 결국 프라이스는 이 운동의 부분이었으며, 그의 펀 팰리스는 다양한 보조 부분들 사이의 역동적인 연결들로 작용하는 과대한 구조적 양상을 가진 거대 구조로 고려될 수 있다. 더욱 일반적으로, 거대 구조, 즉 건축과 도시 사이의 구분을 흐리는 건물들의 계획은 상대적으로 단순한 요소들 사이의 연결의 관점에서 복잡성의 인공 두뇌적 접근을 연상시키는 방식으로 요소적으로 공간적인 구성 요소들의 순환에 선행했다. 이 계획들에서 컴퓨터는 주변 매개 변수들의 고도의 주문식 경영을 허용하며, 연결성을 더욱 증진시킬 수 있었다. 영국의 아방가르드 그룹인 아키그램은 데니스 크롬턴(Dennis Crompton)의 컴퓨터 시티부터 제어와 선택 시스템에 이르기까지 망라하는 계획안들에서 이 개념들을 보여주었다.40 공간적 연결부터 정보 처리에 이르기까지가 컴퓨터의 도움으로 조작되었다: 변화는 요나 프

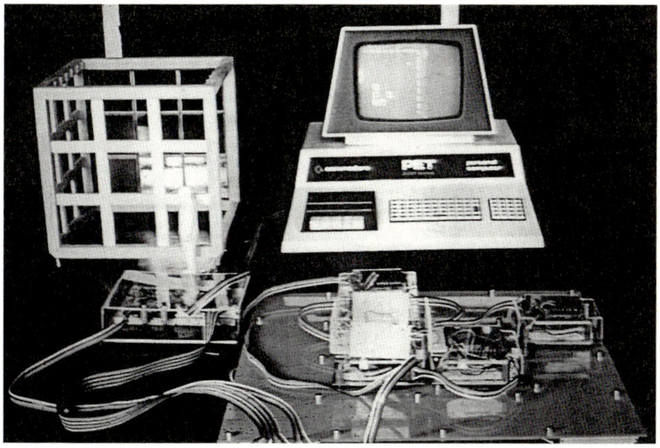

세드릭 프라이스, 제너레이터 계획을 위한 작업용 전자 기기 모습. 세드릭 프라이스 재단, 캐나다 건축센터 협찬. 현대의 스마트 건물들은 프라이스의 제너레이터 계획 보다 훨씬 덜 야심적이다.

37 Mary Louise Lobsinger, "Cybernetic Theory and the Architecture of Performance: Cedric Price's Fun Palace", in Sarah Goldhagen, Réjean Legault (eds.), *Anxious Modernisms: Experimentation in Postwar Architectural Culture* (Cambridge, Massachusetts: MIT Press, Montreal: Canadian Centre for Architecture, 2000), pp. 119-139.
38 Frédéric Nantois, "De Cedric Price à Bill Gates: Les Technologies de l'Ordinaire", in *Les Cahiers de la Recherche Architecturale et Urbaine*, no.7, 2001년 1월호, pp. 31-46.
39 Reyner Banham, *Megastructures: Urban Futures of the Recent Past* (London: Thames and Hudson, 1976).
40 Peter Cook et al., *Archigram* (New York: Princeton Architectural Press, 1999).

아키그램, 컴퓨터 시티, 1964. 퐁피두 센터 소장.

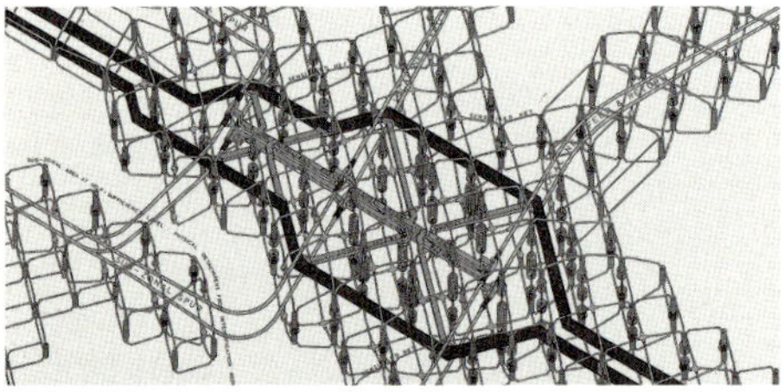

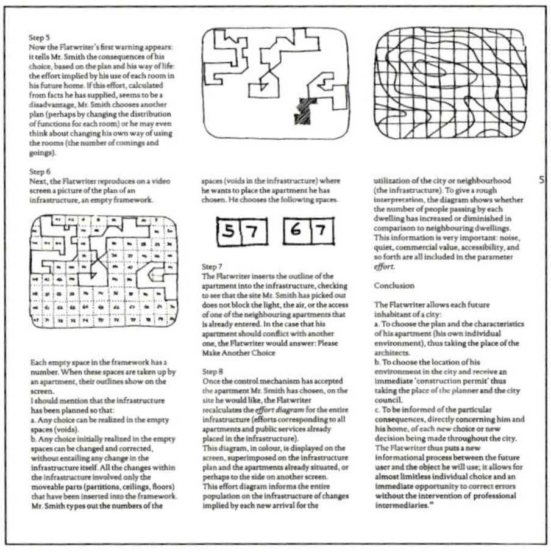

Step 5
Now the Flatwriter's first warning appears: it tells Mr. Smith the consequences of his choice, based on the plan and his way of life: the effort implied by his use of each room in his future home. If this effort, calculated from facts he has supplied, seems to be a disadvantage, Mr. Smith chooses another plan (perhaps by changing the distribution of functions for each room) or he may even think about changing his own way of using the rooms (the number of comings and goings).

Step 6
Next, the Flatwriter reproduces on a video screen a picture of the plan of an infrastructure, an empty framework.

Each empty space in the framework has a number. When these spaces are taken up by an apartment, their outlines show on the screen.
I should mention that the infrastructure has been planned so that:
a. Any choice can be realized in the empty spaces (voids).
b. Any choice initially realized in the empty spaces can be changed and corrected, without entailing any change in the infrastructure itself. All the changes within the infrastructure involved only the moveable parts (partitions, ceilings, floors) that have been inserted into the framework.
Mr. Smith types out the numbers of the spaces (voids in the infrastructure) where he wants to place the apartment he has chosen. He chooses the following spaces.

57 67

Step 7
The Flatwriter inserts the outline of the apartment into the infrastructure, checking to see that the site Mr. Smith has picked out does not block the light, the air, or the access of one of the neighbouring apartments that is already entered. In the case that his apartment should conflict with another one, the Flatwriter would answer: Please Make Another Choice

Step 8
Once the control mechanism has accepted the apartment Mr. Smith has chosen, on the site he would like, the Flatwriter recalculates the *effort diagram* for the entire infrastructure (efforts corresponding to all apartments and public services already placed in the infrastructure).
This diagram, in colour, is displayed on the screen, superimposed on the infrastructure plan and the apartments already situated, or perhaps to the side on another screen.
This effort diagram informs the entire population on the infrastructure of changes implied by each new arrival for the utilization of the city or neighbourhood (the infrastructure). To give a rough interpretation, the diagram shows whether the number of people passing by each dwelling has increased or diminished in comparison to neighbouring dwellings. This information is very important: noise, quiet, commercial value, accessibility, and so forth are all included in the parameter *effort*.

Conclusion

The Flatwriter allows each future inhabitant of a city:
a. To choose the plan and the characteristics of his apartment (his own individual environment), thus taking the place of the architects.
b. To choose the location of his environment in the city and receive an immediate 'construction permit' thus taking the place of the planner and the city council.
c. To be informed of the particular consequences, directly concerning him and his home, of each new choice or new decision being made throughout the city.
The Flatwriter thus puts a new informational process between the future user and the object he will use; it allows for almost limitless individual choice and an immediate opportunity to correct errors without the intervention of professional intermediaries."

5

요나 프리드만, "Etude de la Ville Spatiale", 공간 도시 연구, 1958-59. 퐁피두 센터 소장.

요나 프리드만, "Flatwriter", 이 계획안은 거대구조적 개념과 컴퓨터 조망 사이의 밀접한 연결의 전형을 보여준다.

리드만(Yona Friedman)의 "플랫라이터"(Flatwriter)에서도 만들어졌는데, 그것은 미래의 도시적 거대 구조 내의 공간적 분배의 컴퓨터화된 시스템이었다.[41]

그런 종류의 건축 계획과 실험들이 다중화되는 동안, 학술적 연구는 건축과 컴퓨터 사이의 연관 관계의 연구를 위한 최초의 기관의 탄생을 낳았다. 1967년에 레슬리 마틴(Leslie Martin)은 케임브리지 대학에 토지 이용과 건설 형태 연구소(LUBF)를 설립했다. 그 기관의 주요 목표들 중의 하나는 건축 디자인을 공간적, 기능적 패턴들의 고려에 기초한 컴퓨터 실습으로 변환하는 것이었다. LUBF 저널에 발표된 리오넬 마치(Lionel March)의 연구는 이런 야심들의 상징이었다.[42] 크리스토퍼 알렉산더와 윌리엄 미첼(William Mitchell)들은 모두 LUBF 경력을 쌓은 자들이었다.[43]

미국에서 MIT 건축 기계 그룹에서의 니콜라스 네그로폰테가 취한 행로는 1969년 그의 논문 "기계를 통한 휴머니즘을 향해"에서 그려진 원근의 발전이었다. 전산이 그 그룹의 프로그램의 주요 양상이었다면, 또 다른 양상은 인간과 기계 사이의 접속과 관계되었다. 네그로폰테는 "회화를 대화로 바꾸어주는 것은 제스추어와 미소, 찡그림 등이다"[44] 라고 썼다. 궁극적으로 미디어랩의 탄생을 가져온 이 그룹의 목표들 중의 하나는 컴퓨터로써 유사하게 풍부한 감각의 대화 속으로 들어가는 것이었다.

41 Sabine Lebesque, *Yona Friedman: Structures Serving the Unpredictable* (Rotterdam: NAI Publishers, 1999), pp. 50-51.
42 Lionel March, "A Boolean Description of a Class of Built Forms", in *Land Use and Built Form Studies*, Working Paper no.1, University of Cambridge Department of Architecture, 1972년 9월호.

1960년대 후반과 1970년대 초의 국제적인 건축적 상황은 그러므로 건축을 점점 지배적으로 되는 컴퓨터 문화에 연결하려는 모든 종류의 시도들로 점철되었다. 많은 경우에 이런 시도들은 비록 패턴들에 대한 질문이 아주 유혹적으로 남았을지라도 초기의 인공 두뇌적 틀을 넘어서 나아갔다. 우리가 보게 되듯이, 이런 지속적 흥미는 포스트모더니즘의 여명에 중요한 영향을 주었다.

동시에 도시 계획에서도 컴퓨터의 사용에 관한 반영과 실험들이 있었다. 되돌아 볼 때, 2차 세계 대전부터 1970년대 초까지 우리가 관찰한 그 시기의 가장 놀라운 양상들 중의 하나는 컴퓨터의 발전에 의해 개방

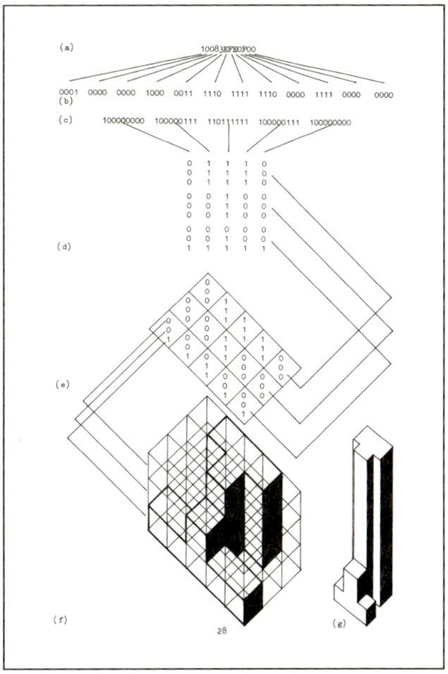

리오넬 마치, "미스 반 데어 로에의 건물을 위한 16진법 코드", LUBF, 1972년 9월호. 리오넬 마치 협찬.

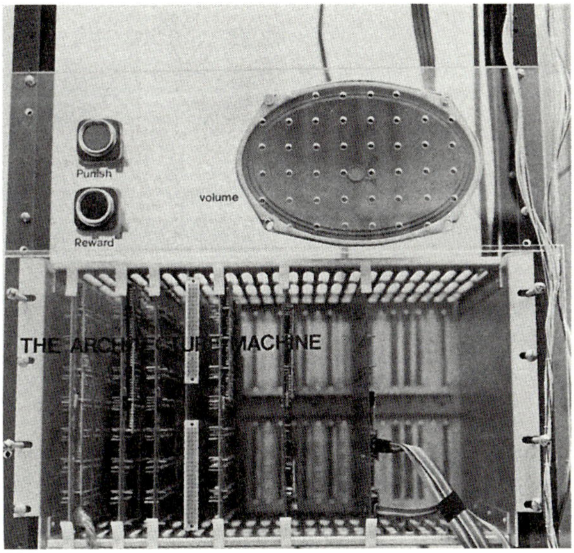


건축 기계의 처벌/보상과 BLAB, 기초 결과물 장치. 니콜라스 네그로폰테, 「건축 기계-더욱 인간적인 환경을 향해」, 1970, p. 114.

43 Altino João Magalhães Rocha, *Architecture Theory 1960-1980. Emergence of a Computational Perspective*, PhD dissertation, MIT, Cambridge, Massachusetts, 2004.
44 Nicholas Negroponte, "Towards a Humanism through Machines", in *Architectural Design*, 1969년 9월호, pp. 511-512.

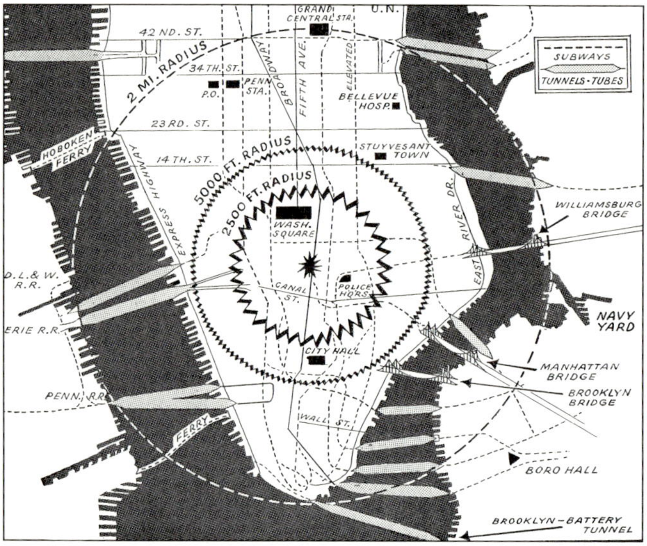


에드워드 A. 콘웨이, "맨해튼 상공의 핵폭탄", America, 1950년 7월 22일자, 미국 기자 협회 인가 재판.

된 건축적 원근과 도시적 원근 사이의 관계의 결여이다. 도시적 차원이 거대 구조 운동으로 나타났건, 혹은 LUBF 같은 기관들의 연구로 나타났건, 건축과 도시적 시도들은 느슨하게 연결된 채 남았다. 이것은 사이버네틱스와 시스템 이론을 이용하는 도시를 재사고하는 노력들이 특히 중요했지만, 건축에서 진행되는 것과의 관련은 거의 만들지 않았던 미국의 경우였다. 이런 상황의 이유들 중의 하나는 도시적 문제들이 건축적 이슈들과는 완전히 다른 본성으로 보였다는 사실과 관련이 있었다. 핵공격으로부터 도시적 불안까지 다양한 위협들과 불가분하게, 냉전의 흔적을 직접적으로 수반하며, 그것들은 건축적 반대급부보다는 더 극적이고 절박한 것으로 나타났다.

2차 세계 대전의 즉각적 영향으로부터 1960년대 말까지, 컴퓨터로 제공된 새로운 도구의 사용을 통해 도시 개발을 재방향 지으려는 시도들은 결국 미국 도시들을 기다리는 듯이 보였던 불길한 미래와 연결되었다. 1940년대 말과 1950년대에 원폭은 주요 위협으로 등장했다.[45] 과학자들과 계획가들은 그 질문에 개방된 논쟁에 협력했는데, 그것은 라이프 잡지 1950년 12월 18일자 이슈에서 노베르트 비너와 MIT의 그의 두 동료들이 쓴 아티클로 인해 유명해진 논쟁이었다. 도발적 제목의 "미국 도시들은 어떻게 핵전쟁을 대비할 수 있는가" 라는 아티클은 주요 도시들에 걸친 하부 구조와 의사소통 네트워크, 주요 시설들

45 이 주제에 관해선 Jennifer Light, *From Warfare to Welfare: Defense Intellectuals and Urban Problems in Cold War America* (Baltimore, London: Johns Hopkins University Press, 2003)을 볼 것.

LIFE BELTS AROUND CITIES WOULD PROVIDE A PLACE FOR BOMBED-OUT REFUGEES TO GO

The Wiener civil defense plan is calculated to meet two urgent needs in the after-bomb crisis. It would tend to check panic among the survivors of a city that has been A-bombed by giving them a definite place to head for, an escape route that could be reached by moving in any direction away from the city. It would also enable vital transportation services to continue functioning, taking food and supplies to the bombed city and bringing casualties out. The emergency transportation system suggested by Wiener would be tied in with existing rail and road facilities; thus no city would be completely cut off from outside aid.

The drawing above shows a mythical U.S. city equipped with the three major elements in Wiener's proposed escape route and communications network: 1) additional roads, radiating like the spokes of a wheel from the center of the metropolitan area, to serve as exits for the people, 2) an express highway that encircles the city about 10 miles from the edge of the built-up area to intersect every road that leads out of the city, 3) a railroad belt line five miles beyond the express highway to provide a direct auxiliary link between existing rail routes (*pp. 80, 81*).

Between the city and the express highway that rings it, zoning regulations will prohibit almost all construction. This area will be kept as clear as possible to serve as a safety zone, permitting an unhindered exit from the city. But along the highway life belt will be built the hospitals, supply warehouses, truck depots and power stations necessary to cope with the emergency. Nearby land will be reserved as parks and made ready for large tent cities which could quickly be erected to shelter the refugees. Supermarkets, suburban homes and small businesses would be permitted to grow up near the life belt to supplement the emergency rations and housing set up for a fleeing population.

In any circumstance the Wiener plan would be useful. In war it would bolster the nation's civilian defenses. In peace it would expand and accelerate the current trend of many city dwellers toward the suburbs and help relieve the traffic congestion which plagues most U.S. cities.

◀ MAP OF MYTHICAL CITY (TOP) BEFORE THE PLAN

SAME CITY WITH PROPOSED OUTER BELTS ▶

78

CONTINUED ON NEXT PAGE 79

노베르트 비너, 칼 도이치, 조르지오 드 산틸라나, "How U.S. Cities Can Prepare for Atomic War: M.I.T. Professors Suggest a Bold Plan to Prevent Panic and Limit Destruction", Life, 1950년 12월 18일

의 일련의 "안전벨트"들의 창조를 주장했다.[46] 그 목적은 국가가 교통과 의사 소통 시설들을 대비함으로써 도시적 핵들의 파괴로부터 살아남는 것을 허용하려는 것이었다. 비너의 안전벨트는 폭탄에 의한 대량 공격으로부터 구제하는 데에서도 또한 효과적으로 될 것이었다.

그러는 동안 초기에 대규모의 연합된 과학자, 도시 공무원, 계획가들이 방어과, 국가 도시 방어부, 국가 안전 자원 위원회 등으로 함께 묶여졌다. 후에 이스트리버 계획으로 알려지게 되는 이것의 목표는 동일한 논제에서 미국 도시들을 핵전에 적응시키는 것에 대한 제안을 하려는 것이었다. 1952년에 대부분이

46 Norbert Wiener, Karl Deutsch, Giorgio de Santillana, "How U.S. Cities Can Prepare for Atomic War: M.I.T. Professors Suggest a Bold Plan to Prevent Panic and Limit Destruction", in *Life*, 1950년 12월 18일, pp. 76-84.

1968년 4월 8일 워싱턴 D.C.에서의 소요의 여파. 워렌 K. 레프틀러 사진.

수치들로 이루어진 그 계획의 보고서는 동일한 방향으로 나아갔다: 비너와 그의 동료들이 예견했던 것을 훨씬 넘어서 나아간 도시적 분산. 이것은 다른 것들 가운데에서도 중심지 내의 인구 감축과 건물 밀도의 감축, 이 지역들로부터 전략적 공장들을 이주시키는 것 등을 의미했다.[47]

잠깐 동안 도시적 분산은 일종의 만병통치약과 같이 나타났다. 도발된 논쟁들의 종종 노골적인 본성들에도 불구하고, 원폭 위협의 초래에 대한 가장 훌륭한 대답에 대한 논쟁은 교통과 의사소통 네트워크 주위로 구축된 통합적 전체로서의 도시의 비전을 진전시키는 데에 기여했다. 그러한 비전은 그 변환기에 도시적 논쟁들 내에 사이버네틱스와 시스템 이론의 도입을 위한 인식론적 기초를 제공했다.

1950년대와 1960년대에 핵 위협은 점차적으로 도시의 부패와 인종적 불안 등의 새로운 관심으로 바뀌었다. 도시적 분산은 어쨌든 수소 폭탄이 가져오는 거의 무제한의 파괴의 가능성 앞에는 더 이상 어떤 대답이 되지 못했다. 서구와 공산주의 진영 사이의 항상 강화되는 이데올로기적 경쟁으로 나타나는 냉전

47 Jennifer Light, op. cit., Peter Galison, "War against the Center", in *Grey Room*, no. 4, 2001년 여름호, pp. 6-33.

의 맥락 속에서, 미국 도시의 위기를 언급하는 것은 더욱 더 절박하게 되었다. 도시적 파멸에 대항해 싸우는 자들에게 있어서, 그것은 핵 학살만큼 두려운 위협으로 나타났다. "어두운 게토는 이제 미국의 기초를 소멸시킬 수 있는 핵 비축을 재현한다." 라고 다양한 동부 해안가 도시들에서 일어난 1964년의 소요의 여파 속에서 심리학자 케네스 클락(Kenneth Clark)이 썼다.[48] 수소 폭탄이 야기하는 황폐와는 반대로, 그런 위협은 인간의 대항책들을 넘어서지 않았다. 그러나 이런 압박적 도전과 직면해, 전통적인 도시 계획은 필요한 도구들을 결여한 듯이 보였다.

경제학에 주어진 더 강력한 중요성과는 별도로, 사이버네틱스와 시스템 이론의 도입은 계획 부문의 지름길에 대한 가능한 해결책으로 나타났다. 그것들은 도시 재개발 계획을 위한 모델로 될 수 있는 대규모 군사 프로그램들의 경영에 효과적이었다. 군대의 사례는 계획가인 멜빌 브랜치(Melville Branch)를 시스템 분석과 컴퓨터 시뮬레이션에 기초한 도시 문제들에 대한 통합적 접근인 동위적 계획(Coordinative Planning)의 개념으로 이끌었다. 멜빌 브랜치는 군사용 무기 체계를 연구하는 회사인 라모-울드리지사에서 몇 년을 보낸 후 로스앤젤레스의 도시 계획으로 되돌아왔다. 그 도시를 위해 그는 컴퓨터 장비들과 실시간 텔레비전과 같은 디스플레이들로 완벽히 갖춘 상황실의 직접적 변형인 도시 계획 센터를 상상했다. 그것이 결코 세워진 적은 없지만 그 시설은 군사 영역 외부에서의 냉전 재현과 실습의 침투적 영향의 상징이었다.[49]

1960년대를 통해 계획에 적용된 시스템 분석은 다양한 장소들에서 시험되었다. 뉴욕에서 존 린지(John Lindsay) 시장은 근린의 진화와 시스템적 조망에서의 격리 같은 연구 주제들로 될 기관을 열기 위해 그 당시 주요 군사용 두뇌 집단인 RAND에게 질문을 했다. 로스앤젤레스에선 커뮤니티 분석 사무소가 비교될 만한 목표를 추구했다. 그러는 동안 제이 포레스터(Jay Forrester)는 도시적 영역의 가능한 생활 주기를 가장 일반적인 관점으로 특징지으려 시도했다. 1969년에 출판된 그의 「도시 동역학 *Urban Dynamics*」은 도시적 문제들에 대한 새로운 접근

48 Kenneth Clark, "The Wonder Is There Have Been So Few Riots", in *The New York Times Magazine*, 1965년 9월 5일, quoted in Jennifer Light, op. cit., p. 62 재인용.
49 Jerôme Thiollier, *Penser la Ville dans un Monde Menacé: L'Essor des Sciences Urbaines Américaines (1949-1965)*, memoir for the Diplôme d'Etudes Approfondies en Histoire, Ecole des Hautes Etudes en Sciences Sociales, Paris, 2000.

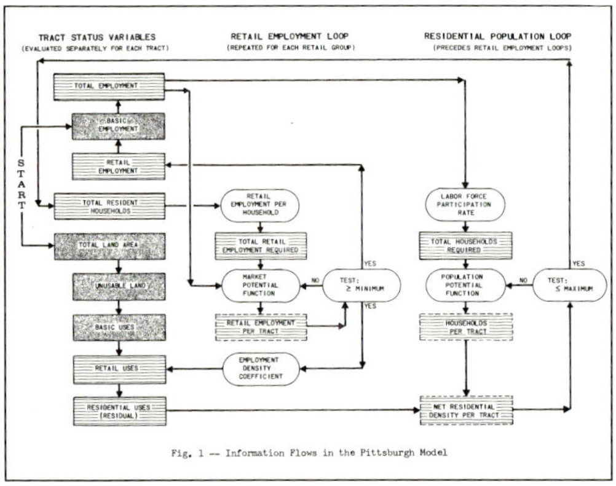

Fig. 1 -- Information Flows in the Pittsburgh Model

Ira Lowry, A Model of Metropolis, RAND사 기록으로부터의 피츠버그 모델, 1964. RAND사 협찬.

의 강점과 약점들의 전형이었다.[50] 한편으로 시스템 분석은 그것들의 상호 작용들로 도시적 과정들의 더 나은 이해에 기여했지만, 다른 한편으로는 쉽게 모델화될 수 없는 많은 요소들이 남겨져 과도하게 단순화된 시나리오로 이끌었다. 특히 정치적 차원은 종종 무시되었다. 도시에 적용됨으로써 시스템 분석은 그 시대의 강한 기술지배적 경향으로부터 분리될 수 없었다. 린든 B 존슨의 거대 사회 프로그램이 그것을 지지한 것은 우연의 일치가 아니다. 거대 사회는 대통령에 의해 예견되었고, 그의 자문인들은 로버트 맥나마라(Robert McNamara)가 감독하는 베트남전 비용 지출의 시작과 함께, 모델링과 전산에 기초한 합리적 방법들을 가능한 많이 사용하도록 가정되었다.[51]

더 응용된 수준에서, 컴퓨터는 수송 모델을 위해 주로 사용되었다. 1955-1956년에 디트로이트 메트로폴리탄 지역 수송 연구는 도시적 운동을 토지 이용 고려와 분절시킨 모델의 제정으로 이끌었다. 1956년에 시카고 지역 수송 연구는 토지 이용의 상세히 전산화된 데이터베이스에 의존했다. 1950년대 말까지 컴퓨터 모델들의 개발은 수송 문제와 토지 이용 계획에서 매우 일반적으로 되었다. 하나의 가장 훌륭한 예는 RAND 연구원들이 개발한 1964년의 피츠버그 모델이었다. 다시 한 번 이 현상은 미국을 넘어서 확장되었다. 프랑스 같은 나라에서 1960년대는 도시 성장을 조정하기 위해 컴퓨터를 사용하려는 시도들로 기록되었다.[52]

사이버네틱스와 시스템 분석이 궁극적으로 도시적 이슈들의 복잡성에 잘못 적용된 것으로 입증된 반면, 컴퓨터의 확산은 높은 기대와 야심적 실험들의 이 시기의 주요 업적들 중의 하나였다. 건축에서부터 도시에 이르기까지, 컴퓨터 문화는 이제 미래를 고려하는 모든 고찰의 부분이었다.

50 Jay Forrester, *Urban Dynamics* (Cambridge, Massachusetts: MIT Press, 1969).
51 David R. Jardini, "Out of the Blue Yonder: The Transfer of Systems Thinking from the Pentagon to the Great Society, 1961-1965", in Agatha C. Hughes, Thomas P. Hughes (eds.), *Systems, Experts, and Computers: The Systems Approach in Management and Engineering, World War II and After* (Cambridge, Massachusetts: MIT Press, 2000), pp. 311-357.
52 Pierre Merlin, "Modèle", in Françoise Choay, Pierre Merlin (eds.), *Dictionnaire de l'Urbanisme et de l'Aménagement* (Paris: PUF, 1988), pp. 489-491.

## 포스트모더니즘과 비판 이론 내의 형식주의적 변환

건축에서 컴퓨터 문화의 확산은 모더니티 주류에 의해 옹호되었던 것, 즉 순수한 기하학적 패턴으로부터 기호와 상징 시스템에 이르기까지 형식적 언어들의 조작에 기초한 접근 보다는 건축의 다른 이해를 추진한 듯 보였다. 사리넨(Saarinen) 같은 건축가들의 패턴 사용을 넘어서, 이 양상은 유형과 비례 등에서 취해진 새로운 흥미, 그리고 루돌프 비트코버(Rudolf Wittkower)의 「인본주의 시대의 건축 법칙 *Architectural Principles in the Age of Humanism*」에 대한 열광적 수용과 르 꼬르뷔제의 모듈라에 대한 제안 등에 의해 드러난 흥미 등과 함께 레이트 모더니즘에서 나타났다.53 그것은 특히 르네상스에 대한 비트코버의 해석에 의해 고무된 에세이인 콜린 로우(Colin Rowe)의 유명한 에세이 "이상적 빌라의 수학" The Mathematics of the Ideal Villa 으로 인해 주창된 일종의 유형학적 질문으로 그것의 가장 두드러진 표현을 발견했던 케임브리지 대학에서 발전되었다. 로우는 케임브리지에서 1958년부터 1962년까지 가르쳤으며, LUBF에 의해 요약된 연구 의제와 함께 조합된 그의 유산은 안소니 비들러(Anthony Vidler)에서 피터 아이젠만에 이르기까지 후에 포스트모더니즘과 연합하게 될 많은 학자들을 포함해, 당시에 존재한 다양한 이론가, 역사가, 디자이너들에 영향을 준 지적 분위기를 창조했다. 안소니 비들러는 콜린 로우의 지도하에 작업을 했으며, 피터 아이젠만은 자신의 박사 논문을 레슬리 마틴(Leslie Martin)의 지도하에 완성했다.54

콜린 로우, 말콘텐타와 가르슈 주택의 분석적 다이어그램들, Mathematics of the Ideal Villa, and other Essays, p. 5, 1976.

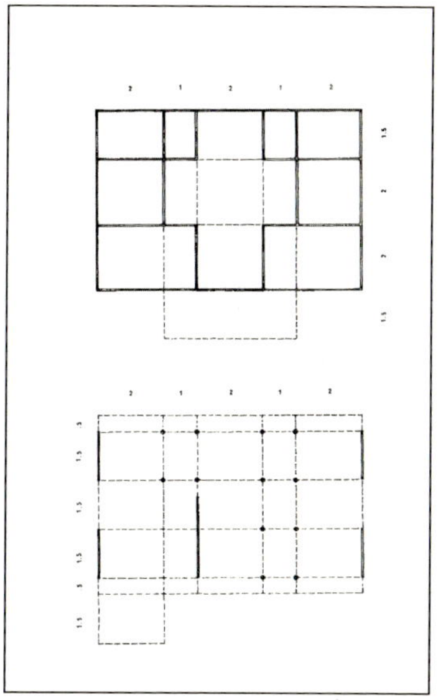

컴퓨터 문화, 혹은 그것을 수반하는 전산적 조망은 그러므로 건축에서의 레이트 모더니즘의 양상과 포스트모더니즘의 초기 선언들 중의 하나 모두를 구성했던 형식주의

53 Christopher Hight, *Architectural Principles in the Age of Cybernetics* (London, New York: Routledge, 2008).
54 Altino João Magalhães Rocha, *op. cit.*

적, 기호학적 전환과 분리될 수 없다. 이탈리아의 건축가이자 역사가인 만프레도 타푸리(Manfredo Tafuri)는 일찍부터 이런 전환의 중요성을 인식했고, 그의 1973년도 책인 「건축과 유토피아 *Architecture and Utopia*」의 모든 장을 그것에 바쳤다. 일반적으로 자연적 기원을 패턴들에로 돌리는 인공두뇌 지향적 디자이너들과는 반대로, 타푸리는 컴퓨터 조작적인 형식적 시스템들을 "발전의 세계에 대한 자본의 완전한 지배"를 준비하는 "인공적 언어"로 보았다.[55]

건축을 넘어서, 포스트모더니즘과 형식주의 사이의 연결, 그리고 컴퓨터 문화의 부상은 철학자 장-프랑수아 리오타르(Jean-François Lyotard)에 의해 더 자세히 이론화되었다. 그의 1979년 에세이 「포스트모던의 조건 *The Postmodern Condition*」에서 리오타르는 "언어 게임"에 대한 고조된 감수성과 더욱 인공두뇌 지향적인 사회를 포스트모더니즘의 주요 양상들로 보았다. 의미심장하게, 이 양상들은 오늘날 디지털 개인으로 된 연속적 아바타들과 많은 부분에서 공통점을 가진 새로운 주제 유형에 의해 부활되었다. 결국 리오타르의 포스트모던 주제는 복잡한 통사론 체계를 해독할 능력이나 다양한 역할들을 효과적으로 수행할 능력과 같이, 우리가 이미 일깨운 양상들로 특징지어졌다.[56]

사이보그를 위한 주택 질문의 배경 내의 지속성에도 불구하고, 전체로서의 건축적 포스트모더니즘은 그 방면에서 리오타르를 따르지 않았다. 그것의 전산적 차원은 건축과 사회 사이의 관계, 그리고 형태, 유형, 상징 등의 그것의 조합에 의해 고려된 주제 유형들에 관심을 가지는 더욱 전통적인 가정들의 선호 속에서 종종 억제되었다. 미국에서는 로버트 벤츄리와 데니스 스콧 브라운의 정보기술에 대한 연루에도 불구하고, 지역주의나 역사주의적 언급이 형식 언어들의 조작이 컴퓨터 문화에 기인하는 것을 감추는 보호막으로 일반적으로 작용했다. 유럽 도시 유산의 이름 속에서, 그 현상은 대서양의 반대편에서 오히려 더 언급되었다. 회고적으로 볼 때, 억압의 이 거의 심리 분석적인 과정은 1980년대 말과 1990년대 초 건축적 포스트모더니즘의 급속한 쇠퇴에서 하나의 역할을 했을 수

55 Manfredo Tafuri, *Architecture and Utopia: Design and Capitalist Development* (Bari: 1973, 영어판 Cambridge, Massachusetts: MIT Press 1976), p. 152. 건축에서의 "인공적 언어들"에 의해 취해진 점진적 중요성에 대한 타푸리의 분석은 초기에 저널 Contropiano 1969년 호에서 출판되었다.

56 Jean-François Lyotard, *The Postmodern Condition: A Report on Knowledge* (Paris: 1979, English edition Minneapolis: University of Minnesota Press, 1984).

도 있다. 펠리시티 스콧(Felicity Scott)이 최근의 책에서 보여 주었듯이, 건축은 환경적 관심과 전자 매체의 사용을 강조했던 일련의 다른 실험들에 충실히 남음으로써 다른 경로를 취할 수도 있었다.[57] 포스트모던 변환의 완벽한 역사는 그러므로 또한 거대 구조 운동과 아키그램의 유산, 벅민스터 풀러와 에밀리오 암바즈(Emilio Ambasz)의 환경에 대한 접근, 급진적 건축의 도발과 마찬가지로, 앤트 팜(Ant Farm)의 대안적 연구, 렘 콜하스(Rem Koolhaas)와 베르나르 추미(Bernard Tschumi)의 초기 계획안들 모두를 포함해야 한다.[58] 이 확장된 원근 속에서 컴퓨터 문화의 존재는 더욱 설득력 있게 나타난다.

이러한 많은 연구와 실험들이 공유한 양상은 건축적 담론의 자율성에 대한 강조였다.[59] 형식주의는 그 영역에서 급진적 건축의 도발적 실험들과 만났다. 수많은 그것의 주요 지지자들의 눈에서, 이탈리아에서 미국에 이르기까지, 자율성은 비판의 이상과 함께 갔다. 자본주의가 지배하는 세계에서, 건축이 지배 권력에 의해 부여된 합법화의 역할을 탈출하는 유일한 방식은 반사적이며 비판적인 것으로 되는 것이었다. 동일한 이유로 전산과 비판적 원근 사이에 함축적인 연결이 있었다. 그러한 연결은 모순이 없지는 않았다, 왜냐하면 건축에서 전산적 차원은 리오타르가 예견한 것과 같이 순수히 수행적인 경향과 수행이 반사성보다 덜 문제가 되는 그것의 비판적인 반대급부 모두를 지적했기 때문이다. 이 두 개의 조화될 수 없이 보이는 대상물들을 어떻게 조화시킬 것인가? 현대의 디지털 건축은 여전히 이 질문과 대면하고 있다.

57 Felicity Scott, *Architecture or Techno-Utopia: Politics after Modernism* (Cambridge, Massachusetts: MIT Press, 2007).
58 See also Dominique Rouillard, *Superarchitecture. Le Futur de l'Architecture, 1950-1970* (Paris: Editions de La Villette, 2004)를 참조.
59 자율성에 대한 질문의 이탈리아적 측면에 관해선 Pier Vittorio Aureli, *The Project of Autonomy. Politics and Architecture Within and Against Capitalism* (New York: Princeton Architectural Press, 2008). 동일한 질문에 대한 피터 아이젠만의 해석에 관해선 그의 아티클 "Autonomy and the Will to the Critical", in *Assemblage*, no. 41, 2000년 4월호, pp. 90-91을 참조할 것.

# 디지털 문화
# 공간과 사회성

다음의 이야기는 우리가 멀리 일깨웠던 에피소드들 보다는 훨씬 더 잘 알려져 있다. 방위 진보 연구국, 혹은 ARPA에 의해 1966-1967년에 시작된 초기의 컴퓨터 네트워크 실험으로부터의 인터넷의 발전은 이런 양상들 중의 하나이다. 1969년에 ARPANET이라 불리는 네트워크는 단지 4개의 접속점들만 가졌다. 그것은 1971년에는 15개의 접속점을 가졌다. 시작은 천천히 이루어졌지만, 그 성장은 1980년대와 1990년대에는 기하급수적으로 빨라졌다.[60] 1980년대는 또 다른 혁명의 시기이기도 했다: 개인용 컴퓨터, 혹은 PC의 확산. 초기 단계에 거의 배타적으로 그것의 발전에 연루된 연구자들만 관심을 가졌던 인터넷과는 반대로, PC는 거대한 대중에게 즉각적으로 가시적인 변화를 가져왔다. PC로 인해, 컴퓨터는 대량 소비 시장으로 들어갔다. 새로운 기계는 디지털 기술의 근본적인 양가 가치들의 더욱 가시적인 것, 즉 동력 보급과 제어 목적의 능력을 가지는 동시에 선택과 자유를 지키는 반문화의 발전에서 중요한 역할을 하는 것을 만드는 데에서도 역시 효과적이었다. 결국 개인용 컴퓨터는 스튜어트 브랜드(Stewart Brand)의 「지구 전체 카탈로그 *Whole Earth Catalog*」[61]와 같은 반문화적 주요 매체에 의해 일찍부터 지지되었다.

ARPANET 1971. Janet Abbate, *Inventing the Internet*, 도판 2.2, p. 45, 1999. MIT Press 협찬.

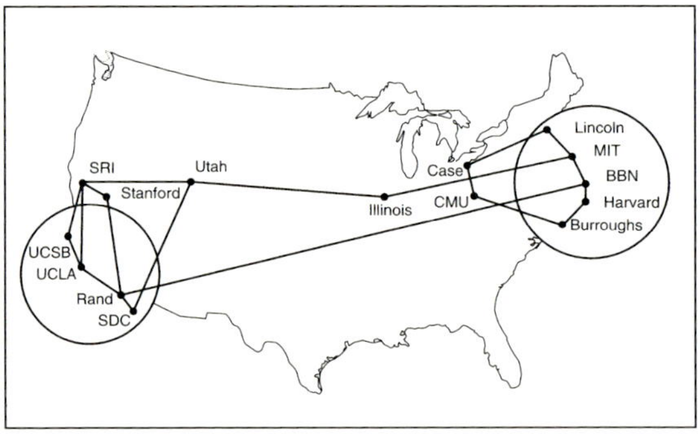


그 이후로, 전자 장비들은 우리 주위로 확산되었다. 개인용 디지털 보조기로부터 휴대 전화에 이르기까지, 그것들 중 어떤 것들은 디지털 지향 사회의 창발과 명백히 연관된다. 다른 것들은 접시 세척기나 자동차 같이 디지털 기술의 대량 확산을 앞서는 기구와 기계들 속에 감추어져

60 인터넷의 초기 단계에 대해서는 Janet Abbate, *Inventing the Internet* (Cambridge, Massachusetts: MIT Press, 2000)을 볼 것.
61 Fred Turner, From Counterculture to *Cyberculture: Steward Brand, the Whole Earth Network, and the Rise of Digital Utopianism* (Chicago: University of Chicago Press, 2006).

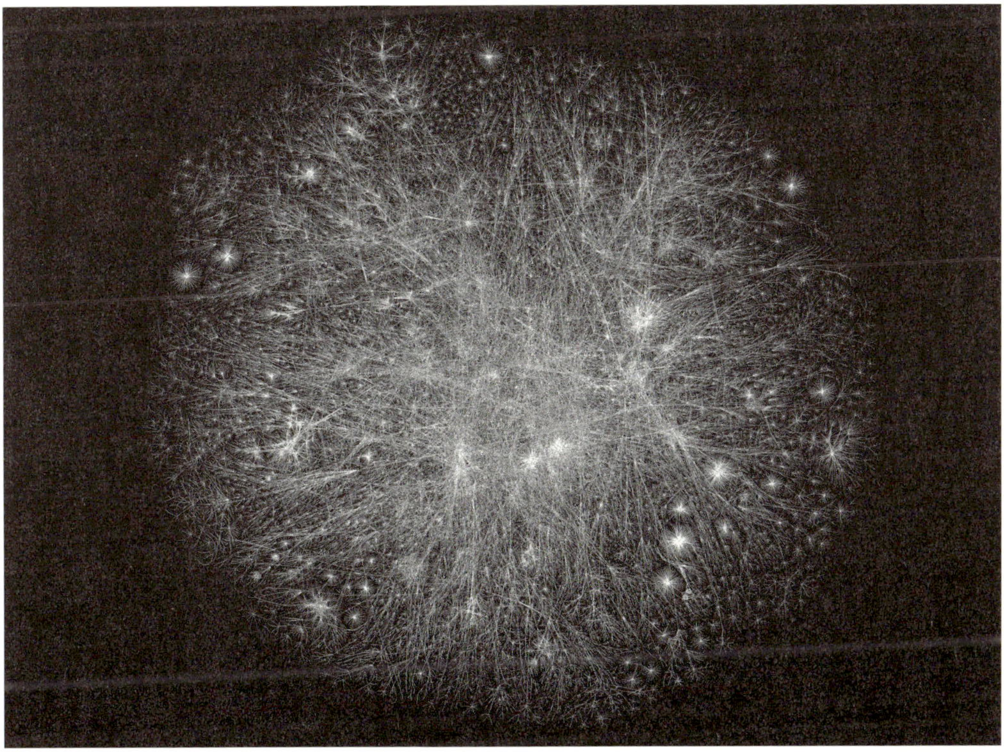

인터넷의 현대적 지도. 전통적 네트워크 보다 더 많을지라도, 네트는 전지구적 환경으로 나타난다.

있다. 그것들의 침투적 존재는 우리로 하여금 어디서나 가능한 전산에 의해 특징지어지는 디지털 시대의 돌이킬 수 없는 출현을 일깨우는 것을 가능케 하는 요소들 속에 있다.

디지털 문화의 부상은 인간과 기계, 그리고 광범위하게 물리적 세계와 전자적 세계 사이의 접속의 눈부신 진보로부터 분리될 수 없다. 처음에는 대부분 시각적 요소였지만, 이 접속들은 점점 종종 음성, 촉각, 운동 등을 포함하게 된다. 우리는 이제 음성 인식과 접촉 스크린에 익숙해 있다. 닌텐도Wii 게임 콘솔의 거대한 성공은 신체 동작과 스크린 상의 변화 사이의 새로운 연결이 펼쳐질 것이며, 그 연결은 마우스가 허용했던 것을 훨씬 넘어서 확장될 것이라는 것을 명백히 만들었다. 그러한 맥락에서 실제와 가상 사이의 명확한 대립은 그 타당성을 점차 잃어간다. 그것은 두 가지 모두의 세계들의 혼성을 인정하는 증가된 현실 같은 개념들로 대체된다. 현대의 디지털 문화는 많은 부분에서 이런 혼성에 관한 것이다. 사이버펑크 장르의 시작 이래 그것은 윌리엄 깁슨(William Gibson)이나 닐 스티븐슨(Neil Stephenson) 같은 작가들, 리들리 스콧(Ridley Scott)에서 스티븐 스필버그(Steven Spielberg)까지 이르는 영화 감독들, 우리가 이 책의 다음 장에서 보게 될 많은 수의 예술가들, 수많은 건축가와 도시 계획가들에 의해 고무되었다.[62]

*Whole Earth Catalog* 표지, 1969년 가을. 카탈로그의 하나의 이슈는 개인용 컴퓨터에로 바쳐졌다.

그런 산물들을 넘어서서 그것들의 생활 방식에 대한 영향으로 인해, 많은 디지털-기술-연관된 현상들을 특징짓기 위해 더 넓은 감각에서 디지털 문화라는 용어를 사용하는 것이 가능하다. 사회학적, 혹은 인류학적 관점에서 디지털 영역은 하나의 문화로 여겨질 수 있다, 왜냐하면 그것은 다양한 습관과 의식들과 동의어이며, 그것은 우리의 세계에 대한 재현과 같이 우리의 행위에 영향을 주기 때문이다. 도처에서 가능한 전산과 증가하는 현실은 그러므로 일상생활의 구조와 만난다.

생활 방식들은 더욱 더 개인화되는 변환을 가지는 현대적 주제의 질문으로부터 분리될 수 없다. 「디지털 되기」에서 니콜라스 네그로폰테는 디지털 조건의 개인적 차원을 주장했다. 그에 따르면, 이 개인적 차원은 디지털 시대를 정보 시대와 근본적으로 다르게 만든 것이다: "포스트 정보 시대는 시간의 인식에 관

62 예를 들어 William Gibson, *Neuromancer* (New York: Ace Book, 1984); Neil Stephenson, Snow Crash (New York, 1992, 재판 New York: Bantam, 2003), Ridley Scott (dir.), *Blade Runner* (1982), Steven Spielberg (dir.), *Minority Report* (2002).

한 것이다: 우리가 다른 인간 존재들로부터 예상할 수 있는 동일한 정도의(혹은 더 높은 정도의) 정교함으로 개인들을 이해하는 기계."[63] 그러나 인간-기계 관계의 진보에 초점을 맞춤으로써, 네그로폰테는 그것을 따라 가게 될 개인적 표현의 가공할 발전을 예견하지 못했다. 서버에 의해 만들어진 이전의 쇼핑 기록에 기초한 온라인 광고에서부터 웹상에서 연결된 수천만의 블로그들에 이르기까지, 전자 상거래 주문과 개인적 표현들은 단일의 대량 진화의 두 가지 측면들이다.

어느 정도까지 이런 상황은 새로운가? 현대의 디지털 개인은 예견 가능성과 예견 불능성 사이, 표준화와 희귀성 사이의 장력들과 같이 더 일찍이 나타났던 양상들의 후예이다. 우리는 그것들이 정보 사회의 시작부터 컴퓨터 인식론의 부상에 이르기까지 작동해 온 것을 보아 왔다. 그런 관점에서 전자 상거래 온라인 광고들은, 블로그들이 20세기 초의 종이 클립 실습 같은 정보 기술들의 발전을 수반했던 개인적 표현의 다양한 형태들의 먼 후손인 것과 같이, 초기 마케팅 기술의 세련된 버전이다.[64] 정보 변환점의 동시대인들이 그들을 쓰러뜨린 환자 기록을 통해 그들 인격의 일종의 중국인 초상화를 세계를 대표해 특히 중요한 것으로 구축할 수 있도록 해준 종이 클립과는 별도로, 블로그 현상의 계보는 1950년대 이래 개인적 만족을 청중과 나누려는 전자 매체의 사용을 만들었던 다양한 예술적 실험들을 또한 포함해야 한다.

오늘날의 디지털 생활 방식의 상징인 애플 아이포드 역시 표준화와 희귀성 사이의 공전되는 이중성의 좋은 사례를 보여준다. 한편으로, 플레이어의 개발은 수백만의 독자들에게 미리 포맷된 음악을 전달하는 대량의 상업적 기획에 연결된다. 다른 한편으로, 동일한 음악은 그것이 틴에이저의 플레이어에 저장되는 순간 "그"의 음악이 되는 것으로, 이것은 깊게 개인적인 경험의 물질화-우리가 정보의 일련의 비트들을 그렇게 부를 수 있다면-인 것이다.

우리의 일상생활에서 증가하는 전산과 전자 매체의 존재에 더해, 디지털 시대에서 진정으로 새로운 것은 무엇인가? 개인적 수준에서 우리는 새로운 장력

63 Nicholas Negroponte, *op. cit.*, pp. 164-165.
64 이 주제에 관해서는 "Cut and Paste um 1900: Der Zeitungsausschnitt in den Wissenschaften", in *Kaleidoskopien*, no. 4, 2002의 제목으로 모은 아티클들을 볼 것.

과 모순들의 창발을 주시할 수 있다. 우리는 예를 들어 온라인 생활에 의해 가능하게 만들어지는 다중의 병합으로 직접 연결되는 가운데 자신의 단편화로의 경향을 관찰할 수 있다. MIT의 사회학자 셰리 터클(Sherry Turkle)은 십여 년 전에 행태의 온라인 패턴에 바쳐지는 일련의 아티클과 책들에서 이런 관점을 보여주었다.[65] 그러나 더욱 최근에 이런 비전은 홈페이지 구축 같은 실습들을 통해 획일화된 정체성의 재구축을 향한 역방향의 경향을 관찰하는 제임스 카츠(James Katz)와 로널드 라이스(Ronald Rice)의 「인터넷 사용의 사회적 결과 *Social Consequences of Internet Use*」 같은 다른 연구들에 의해 도전받아 왔다.[66] 개인의 홈페이지와 블로그들은 결국 우리가 더욱 더 다양화된 온라인 맥락들 속에서 가정해야 하는 정체성들의 다중성으로 반대로 연결되는 경향들에도 불구하고, 자신의 응집력 있는 이미지를 재구축하려는 시도들로 해석될 수 있다.

더욱 결정적인 새로움은 아마도 실제의 사이버-사회성의 발전과 관계가 있다. 우리는 정보를 얻고 물건을 사기 위해 더 이상 인터넷 서핑을 하지 않는다. 비록 사이버 사회성이 전통적인 사회적 연결들에 의존한 채 많은 부분 남아 있을 지라도, 우리는 사이버 공간에서 다른 사람을 만나고, 우리의 사회적 관계들의 점점 더 많은 부분이 온라인으로 가버린 것으로, 이것은 영국의 사회학자 스티브 울가르(Steve Woolgar)가 "더 많이 가상적일수록 더 많이 실제적이다" 라는 문구로 요약한 현상이다.[67] 현실에 대한 그것의 의존에도 불구하고 가상의 부상은 그래도 눈부시다. 페이스북(Facebook)이나 마이스페이스(MySpace) 같은 사회적 네트워크의 발전은 또한 *EverQuest, World of Warcraft* 혹은 *Guild Wars* 같은 MMOG들로 알려진 대량의 멀티플레이어 온라인 게임의 탄생을 가져온 진화의 가장 최근의 표현이다.

이런 사이버 사회성은 공간 조직의 문제를 야기한다. 오늘날 사회적 네트워크의 주요 결점들 중의 하나는 홈페이지에 비교될 수 있는 프로필들의 독해와의 우연한 만남을 제한시키는 그것들의 공간적 깊이의 결여이다. 그런 네트워

65 예를 들어 Sherry Turkle, *Life on Screen: Identity in the Age of the Internet* (New York: 1995, 재판 New York: Touchstone, 1997)을 볼 것.

66 James E. Katz, Ronald E. Rice, *Social Consequences of Internet Use: Access, Involvement, and Interaction* (Cambridge, Massachusetts: MIT Press, 2002).

67 Steve Woolgar (ed.), *Virtual Society? Technology, Cyberbole, Reality* (Oxford: Oxford University Press, 2002), pp. 17-19.

아바타들 사이의 우연적 만남, 「세컨드 라이프」의 한 장면. 세컨드 라이프 협찬

크들에선 하나의 프로필에서 근시안적 인간과 같이 또 다른 프로필로 점프하도록 이끌리는 대신, 우리는 다른 것들 가운데에서 친구의 친구들에 관한 먼 원근을 제공할, 진정으로 다차원적인 공간 속에서 순환되고 다른 사람을 만날 수 있을 것이다.[68] 역으로, 우리가 물리적 공간의 순진한 이뮬레이션이 온라인 사회성에 의해 발생되는 공간적 배치의 문제들에 대한 가장 좋은 대답을 재현하는지 의심할 수 있을지라도, 유혹은 3차원적 외양으로부터 파생되는 「세컨드 라이프 Second Life」같은 가상 세계들에 의해 발휘된다.

더욱 일반적으로, 현대의 디자인 문화의 가장 놀랄만한 양상들 중의 하나는, 그것으로 이끄는 이전의 에피소드들과 비교해 볼 때, 세기의 변환기의 정보 혁명과 같이, 전자적 의사소통이 그것의 붕괴와 동의어라는 신비적 가정과는

68 Joey Pitt, *Leveraging Social Network Sites: Defining New Use for Online Social Space*, Master of Design thesis, Harvard Graduate School of Design, Cambridge, Massachusetts, 2008. This issue is among those that Lively, the social network launched by Google, tried to address before it was shut down for economic reasons.

반대되게, 공간에 의해 취해진 결정적 중요성이다.[69] 확실히 물리적 현실은 종종 가상현실에 양보를 하게 된다; 그러나 사이버스페이스의 공간적 조직은 연속적인 도전을 재현한다. 많은 경우들에 가상은 물리적인 것 속으로 하나의 증가로서 재주입된다. 이 상황들에서 물리적 현실의 재디자인은 또한 결정적으로 된다. 지나치는 어떤 것도 가치가 없으며, 대부분의 이런 경우들은 다시 한 번 사회성의 이슈들로 연결된다. 결국 증가된 현실은 일반적으로 사회적 상호 작용을 추진하고 공공 공간을 재사고하기 위해 작동된다.

공간, 혹은 오히려 공간적 조직이 문제가 되며, 우리의 3차원적 현실은 실제로 사이버스페이스의 압력 아래에서 붕괴되지 않을 것이다. 공간적 조직과는 별도로, 물리적 현실의 다른 양상들은 디지털 영역 속에서 또한 이상하게 복원되는 것으로 입증되었다. 신체의 동등함을 위한 요구가 그것들 가운데에 있다. 사이버 사회성의 전문가들은 그것의 부재가 온라인 논쟁 참여자들 사이의 행태의 일련의 불안정성의 원인이 된다는 것에 주목했다. 신체가 없다면, 우리의 의견들은 "실제" 삶에서 보다 훨씬 더 요동하려 할 것이며, 우리는 마찬가지로 덜 신뢰적으로 된다. 사회학자 안소니 기든스(Anthony Giddens)[70] 를 따르자면, 모더니티의 기본적 차원인 진실은 어느 정도까지 우리 행태의 안정성에 고착되며, 우리가 우리의 물리적 외양을 의지대로 바꿀 수 없다는 사실에 연결된다. 인터넷에서는 어떤 것도 하기에 더 쉬운 것은 없다.

사이버스페이스는 중력과 관성의 경험들을 위한 디지털 등가치를 탐구한다. 다시 한 번 문제가 되는 것은 다른 것들 가운데에서도 그것의 신뢰성이다. 우리는 사람들이 의지대로 나타나고 사라질 수 있는 마법의 세계, 비밀스런 연결 통로들로 가득차고, 전이가 없는 세계, 완전히 다른 우주에서는 편안하게 살 수 없다. 그러한 세계는, 특히 비디오 게임의 무대로서, 잠시 동안 재미있겠지만, 그것은 정형적인 사회적 교환을 지지할 수 없다. 후의 목적에 있어서, 전자적 흐름들은 거리와 지연 같은 효과들을 재창조하기 위해 문자 그대로 천천히 되어야 한다.

69 공간의 붕괴의 신비적 자연에 관해서는 Vincent Mosco, *The Digital Sublime. Myth, Power and Cyberspace* (Cambridge, Massachusetts: MIT Press, 2004)참조.

70 Anthony Giddens, *The Consequences of Modernity* (Stanford: Stanford University Press, 1990).

## 접속으로서의 건축

그런 맥락에서 건축은 확실히 할 역할이 있다. 이 역할은 우리가 이미 보았듯이 더욱 더 명백하므로 건축과 정보 사회, 디지털 문화의 부상 사이의 관계는 적어도 반세기 전으로 되돌아간다. 그러나 과거의 유산을 벗어나 떠남으로써 건축은 오늘날, 그리고 가까운 미래에 무엇을 얻을 수 있는가? 새롭고 눈부신 형태를 만들어내기 위해 컴퓨터를 사용하는 것은 르네상스시기에 원근법의 발명이 기하학적 정형의 단순한 연구 보다는 더 넓은 이슈들에 연결되었던 것과 같이, 더 넓은 어떤 양상들 중의 하나일 뿐이다.

윌리엄 미첼은 그의 책 「비트들의 도시」에서 건축가들이 그 디자인에 기여하기 위해 사이버스페이스를 연구할 것을 촉구했다.[71] 그 가능성이 없어져서는 안 된다. 세컨드 라이프 같은 부지들은 결정적으로 새로운 무대 세팅과 분위기들을 창조할 수 있는 디자이너들을 찾는다. 마이크로소프트 같은 회사들은 또한 점차 좋은 디자인의 전략적 중요성을 알게 되었으며, 그들은 그런 목적을 위해 건축가들을 고용하기 시작했다.

우리는 그러나 이것이 실제로 항상 물리적 현실, 석재, 벽돌, 모르타르 등에 소속되었던 분야의 미래인지를 의심한다. 결국 이것은 첫 번째가 아니며, 또 다른 차원으로 도피하려는 유혹이 솟아오른다. 컴퓨터 표현 이전에 드로잉과 조각은 이미 많은 건축가들을 매혹시켜왔다. 지오바니 바티스타 피라네지(Giovanni Battista Piranesi) 같이, 그들 중 어떤 이는 종이 위에 환상적인 우주를 창조함으로써 명성을 남겼다. 흥미롭게도 피라네지의 이름은 소프트웨어 프로그램에 주어져서 그 발명자들이 "놀랄만한 3D 이미지들을 발생시키는 세상에서 가장 쉬운 방식"[72] 이라고 설명했다. 그러나 이미지들의 지속적인 유혹에도 불구하고, 건축은 구축 환경에 충실하게 남았다. 지속 가능성의 새로운 도전들 역시 동일한 방향으로 몰린다. 앞으로 건물의 생태학적 족적을 감소시키려는 요구 같은 의무

71 William J. Mitchell, *City of Bits: Space, Place and the Infobahn* (Cambridge, Massachusetts: MIT Press, 1995).
72 http://www.informatix.co.uk/piranesi/index.shtml (2008년 7월 10일 방문).

로 인해, 건축가들이 물리적 세계 내에서 검토할 문제가 없어지지는 않을 것이다.

디지털 문화의 부상과의 연결 속에서, 그들의 주요 기여는 주로 가상에만 초점을 맞추기 보다는 물리적 영역과 가상 영역 사이의 접속을 다루며, 증가된 현실의 영역에 매우 잘 남을 수도 있다. 주로 접속의 문제로 작업을 하는 MIT 미디어랩 같은 기관들이 건축 학교들과 제휴하는 것도 놀랄 만한 일은 아니다. 네그로폰테가 예견했듯이, 접속은 건축적 문제로 되었다.

더 나은 접속의 발전은 사이버 사회성의 더 나은 발전에서 결정적이다. 친구들과 교류하기 위해 스크린 상에서 타이핑하는 것은 단지 증가된 현실만이 극복할 수 있는 철저한 한계를 보여준다. 촉각적 스크린과 디지털 장갑을 넘어서, 건축 공간 자체는 언젠가 물리적 공간과 가상공간 사이의 접속의 통합적 부분으로 될 것이다. 도시적 수준에서, 내일의 공공 공간들은 오늘날 보다는 상호작용의 더 거대한 배열을 허용하며 두 개의 현실들이 서로 얽혀드는 장소들로 될 것이다.

접속의 진화는 또한 디지털 시대의 개인을 특징짓는 인식들과 변화하는 감각들로부터 분리될 수 없다. 컴퓨터들, 개인적 보조 도구들, 휴대 전화들에 둘러싸여, 우리는, 보고, 듣고, 만지는 방식으로 변화를 한 영화와 자동차와 같은 주요 혁신들의 동시대인들과 마찬가지로, 세계를 다르게 경험하기 시작한다.

자동차를 말할 때, 그것의 가장 근본적인 효과들 중의 하나는 가속 단계를 극적으로 변속시켜주는 것이었다. 한때 귀족풍의 기사에게 국한되었던 희귀한 경험인 가속은 반복된 기계적 생산을 통해 일상적으로 되었다. 더 나아가 그 경험은 가속에 대한 이전의, 자동차 이전 버전과는 매우 달랐다. 자동차로 인해, 그것은 이제 지면에 접하게 되었지만, 연속적이며, 부드럽고, 그럼으로써 신체에 새로운 원천의 쾌락을 제공한다. 우리는 유사하게 중력과 관성이 그들의 온라인 등가물에 대한 연속적 노출로 인해 수정될 날을 상상할 수도 있다.

오늘날의 디지털 건축은 단순히 놀랍고 획기적인 것으로만 노력하기를 그만둘 때, 그 가장 눈부신 위치에서 그 기획의 기본적 구성 요소가 물리적 세계와 전자적 세계 사이의 이동하는 경계를 탐구하는 것이라는 것을 인식한다. 두 가지 영역들 사이의 접속에서, 토요 이토(Toyo Ito)가 자신의 아티클 "미디어 숲 속의 타잔" Tarzan in the Media Forest 에서 일깨웠듯이 하나 대신 두 개의 신체를 소유하는 느낌과 같이, 이상한 느낌들이 생겨날 수도 있다: "근대 시대의 우리는 두 가지 유형의 신체를 제공받는다" 라고 이토는 썼다. "내부를 관통하는 흐름들에 의해 실제 세계와 연결되는 실제적 신체, 그리고 전자들의 흐름에 의해 세계와 연결되는 가상의 신체."73

이런 유형의 경험은 아마도 풍부해진 현실을 향한 전이적 상황의 전형일 것이다. 개인들, 전자적으로 연결된 개인들은 바로 그들의 감각과 인식과 마찬가지로 변화하고 있다. 긴 안목에서 두 개의 신체를 가지는 것이 어렵게 보인이래, 이제 질문은 우리의 증가된 삶에 연결된 다양한 감각과 인식들을 어떻게 재통합하고 종합하는가라는 것으로 된다. 건축의 업무들 중의 하나는 새로운 종합을 위한 이러한 요구와 관계가 있을 수 있다.

73 Toyo Ito, "Tarzans in the Media Forest", in *2G*, no. 2, 1997, pp.121-144, 특히 p.132.

# 형태와 수행의 실험들

## 혁신적 기하학의 유혹

알리 라힘(Ali Rahim), 히나 자멜(Hina Jamelle) / 현대적 건축 실습, 아랍 에미리트 두바이 레지덴셜 하우징 타워. 알리 라힘, 히나 자멜/ 현대 건축 실습, 뉴욕 협찬.

디지털 건축은 무엇인가? 그것은 컴퓨터의 도움으로 만들어진 어떤 디자인에 적용하는 것도 타당한가, 혹은 그것은 드로잉 도구 이상의 것으로 될 기계의 능력을 실제로 이용하도록 되는 생산으로 남겨져야 하는가? 지난 10년에서 15년 동안, 컴퓨터 보조 디자인의 급속히 증가하는 이용으로부터 용어를 구분하기 위해 디지털 건축은 종종 주류적 생산에서 보다는 더욱 두드러진 실험적 차원으로 특징지어졌다. 결과적으로, 디지털과 실험을 혼동하는 경향이 생겼다. 이런 경향으로 인해, 아키랩이나 베니스 비엔날레 같은 전시들에서 목격되듯이, 의심할 여지없이 후자의 범주에 속하는 많은 혁신적 실습들이 디지털로 여겨졌다.[1]그러나 그 용어가 확실히 컴퓨터에 과중하게 의존하는 알리 라힘(Ali rahim) 이나 벤자민 아란다(Benjamin Aranda), 크리스토퍼 라쉬(Christopher Lasch) 같은 디자이너들의 작품에 적절하다면, 그것은 프레스톤 스콧 코엔(Preston Scott Cohen) 이나 제시 라이저(Jesse Reiser)에서도 눈에 띄는 어떤 것을 진정으로 포획하는가? 자크 헤어조크(Jaques Herzog)와 피에르 드 뫼론(Pierre de Meuron)의 최근의 양상들을 디지털 문화의 부상에 연관되어, 표면과 장식에 부여된 강조와 같이 해석하는 것이 적절한가? 용어의 공허함은 사무소 소장들이 기계와는 실제적 친숙함이 별로 없음에도, 컴퓨터 보조 디자인의 이용을 선구적으로 실행한 일련의 사무소들에 의해 더욱 증가되었다. 이 사무소들에서 프로그램들은 보통 일찍부터 컴퓨터 문화로부터 장점을 취한 젊은 디자이너들에 의해 운용되었다. 그들의 고용주들의 직관과 개념들을 밀접히 따르는 그들의 작품은 어느 정도로 실제로 디지털적인가? 이 질문은 프랭크 게리(Frank Gehry)의 건축에서 야기되었었다. 게리의 사무소에서 카티아(Computer-Aided Three-dimensional Interactive Application) 캐드 소프트웨어는 스케치, 카드보드, 나무 모델 같은 전통적 방식에 의존하는 고도로 개인적인 디자인 과정의 핵심에 대해 외적으로만 남는다.[2]

1 예를 들어 Marie-Ange Brayer, Frédéric Migayrou (eds.), *ArchiLab. Orléans 1999* (Orléans: Mairie d'Orléans, 1999), 그리고 Orleans에서의 연례 회의의 결과들; Kurt Forster (ed.), *Metamorph 9. International Architecture Exhibition* (Venice: Fondazione La Biennale di Venezia, 2004)들을 볼 것.
2 Bruce Lindsey, *Digital Gehry* (Basel, Berlin, Boston: Birkhäuser, 2001).

프랭크 게리, 서펜타인 갤러리 파빌리온을 위한 모델, 2008. 게리 파트너스 LLP가 제공한 이미지. 게리의 디자인 과정을 묘사하는 조합.

그러나 모호함은 그것이 첫눈에 나타날 수 있는 만큼 문제적이진 않다. 우리가 그것을 강조했듯이, 디지털 건축은 실험적 원근에서 컴퓨터를 사용하는 작품의 협소한 감각에서 현대 건축 세계에서 작동되는 더 넓은 경향들로부터 분리될 수 없다. 코엔과 라이저뿐만 아니라 헤어조크와 드 뫼론 들은 특별한 명쾌성으로 이런 경향들을 표현하기 때문에 그들은 디지털 건축이 무엇인가의 논쟁의 완전한 영역을 차지한다. 이전에 훈련받은 건축가들과 디지털 도구의 확산 이후의 건축가들 사이의 세대 차이에 기초한 논쟁에서 그것의 적절성은 건축과 컴퓨터 문화 사이의 관계의 지속적인 특징으로 인해 위태롭게 되었다. 거의 반세기 동안 이런 연결은 소프트웨어의 단순한 이용을 넘어서 이론가와 실무자들에게 영향을 주었다.

이 반세기에 걸친 오랜 역사로 인해 드러난 연구 방향들의 다양성에도 불구하고, 실험적 원근 내의 컴퓨터의 건축적 이용은 전반적으로 우세한 형태를 가진다: 근대 건축의 제한된 어휘들과 완벽히 대조되는 형상들의 연구. 결과는 평가의 새로운 기준을 위해 요구되는 대안적 기하학의 양산이었다. 그러나 형태에 대한 이러한 집중은 단순한 양식적 강박으로의 환원으로 이끌어서는 안 된다. 우리가 이 장에서 보게 되듯이, 디지털 건축의 형태주의(formalism) 경향은 세계 경제의 일반적 행보에 맞추어 조정되려는 야망과 같이, 일련의 더 넓은 관심으로부터 분리될 수 없다. 무엇보다도, 형태주의는 여기서 구성의 메커니즘을 고려한 탐구, 혹은 샌포드 퀸터(Sanford Kwinter)와 같이 그것을 "식별 가능한 패턴들이 덜 훌륭하게 질서 잡힌 장으로부터 자신들을 분리시키게 되는 과정들"[3]로 보는 것과 동의어로 이해된다. 형태를 구성의 관점으로 이해하려는 욕구는 디지털 건축가들이, 예를 들어 동역학적 시스템 이론이나 자연을 통해 작동되는 자기 조직화의 능력으로 여겨지는 창발의 자질을 강조하는 유전 공학에서의 최근의 과학적 발전에 두는 관심의 이유들 중의 하나이다.

디지털 문화와 건축 사이의 연결의 오랜 역사 속에서, 포스트모던의 변환점은 그것의 형태주의적 차원으로써 오늘날의 발전에 대한 열쇠로 명백히 서 있다. 1966년의 원조적 에세이[4]에서 드러난 로버트 벤추리의 복합과 대립에 대한 어필을 취하며, 포스트모더니즘 뒤에는 건축적 형태가 이질성과 단편화에 호소함으로써 그 주변과의 투쟁적 논리를 표현하려 했던 해체주의의 단계가 뒤따랐다. 1989년에 완공된 피터 아이젠만의 오하이오 주 콜럼부스의 웩스너 센터는 그런 관점에서 그 충돌적 그리드로 인해 당시의 가장 패러다임적인 계획들 중의 하나였다. 현대 디지털 건축의 부드러운 형태들이 해체주의의 파괴와는 완벽히 대조될지라도, 그것들은 해체로부터 명백히 이질적이고 종종 투쟁적인 조건들로 대처하려는 계획을 이어받았다.

아이젠만 아키텍트, 오하이오, 콜럼부스, 오하이오 주립대학 웩스너 예술센터 입구 계단 상세, 1989. 사진 ESTO. 아이젠만 아키텍트 협찬. 투쟁적 기하학들은 포스트모더니즘의 해체주의 단계의 전형이다.

디지털 건축의 전형적 형태들은 무엇보다도 1990년대 초에 부상한 해체주의에 대한 반작용에 기인한다. 이러한 반작용의 가장 두드러진 에피소드들 중의 하나는 그 시기에 특히 미국에서 건축 생산의 전체 영역

3 Sanford Kwinter, *Far from Equilibrium. Essays on Technology and Design Culture* (Barcelona, New York: Actar, 2008), p. 146.
4 Robert Venturi, *Complexity and Contradiction in Architecture* (New York: Museum of Modern Art, 1966).

질 들뢰즈의 *Le Pli-Leibniz et le Baroque*, 1988 오리지널 프랑스판의 표지. 컬렉션 Critique. Les Editions de Minuit

을 특징지었던 접힘- 때로는 문자 그대로, 대부분은 상징적으로- 에 대한 열정이었다. 그 용어의 사용은 프랑스 철학자 질 들뢰즈(Gilles Deleuze)의 에세이 「주름 *Le Pli*」 의 영어 번역에 의해 촉발되었다.[5] 라이프니츠(Leibniz)의 형이상학에 대한 연구인 「주름」은 그 양상들 중 하나를 주장했다: 불연속과 정면적 충돌 보다는 다른 관점에서의 복잡성을 예견하는 능력. 피터 아이젠만 같은 건축가들에게 그 책은 복잡성의 질문에 관한 새로운 원근을 열었다. 이 원근들은 그렉 린(Greg Lynn)이 편집한 에세이들의 영향력 있는 컬렉션 속에서 이론화되었다. 1993년 발간된 아키텍처럴 디자인의 특별호인 "건축에서의 접힘" *Folding in Architecture*은 해체와 단편화에 기초한 그것의 숭배에 대한 대안을 제시했는데, 린의 한 표현을 빌자면, 그것은 "연속적이지만 여전히 이질적인 시스템 내의 차이들의 강렬한 통합을 포함하는 부드러운 변형"[6]이었다. 굴곡, 휨, 부드러운 혼합과 물론 접힘 등을 주장하며, 린의 산문은 곧 컴퓨터의 사용이 뒤따르게 될 기하학적 발전을 야기했다. 흥미롭게도, 컴퓨터들은 위상 기하학, 형태학, 급변 이론 같이 그가 일깨운 영감들의 원천들 가운데에서 주변부로 남았다. 방위 산업과 헐리웃의 초기 모핑 효과를 다루며, 그것들은 단지 부수적으로만 언급되었다. 그러므로 접힘 경향은 초기의 컴퓨터 보조 건축 실험에 비본질적으로 남으며 디지털 건축의 형태적 연구를 언급했다. 디지털 디자인을 현대의 건축적 진화의 더 넓은 틀 내에서 해석하려는 필요성의 도해에서 기술이 스스로 설명할 수 없는 이러한 수렴보다 더 나은 도해는 아마도 없을 것이다. 역사가 마리오 카르포(Mario Carpo)가 에피소드에 대한 회고적 평가로 밝혔듯이, "컴퓨터들은 스스로 형상을 부여하지 않으며, 미학적 선호를 분절하지도 않는다. 우리는 박스나 접힘들을 서로 무관하게 디자인하기 위해 컴퓨터를 사용할 수 있다."[7]

5 Gilles Deleuze, *The Fold: Leibniz and the Baroque* (Paris: 1988, 영어판Minneapolis: University of Minnesota Press, 1993).
6 Greg Lynn, "Architectural Curvilinearity: The Folded, the Pliant and the Supple", in Greg Lynn (ed.), "Folding in Architecture", *Architectural Design* (London: 1993, 수정본 London: Wiley-Academy, 2004), pp. 24-31, 특히 p. 24.
7 Mario Carpo, "Ten Years of Folding", in "Folding in Architecture", pp. 14-19, 특히 p. 16.

그렉 린이 "건축에서의 접힘" 에 대한 자신의 서문에서 점점 모순적인 도시적, 문화적 맥락들을 더 효과적으로 다루기 위한 새로운 접근의 잠재성을 주장했을지라도, 그는 주로 연속성과 부드러운 전이로 특징되는 새로운 형태적 영역을 기록하는 가능성만을 유지했다. 1990년대 중반부터 컴퓨터는 이런 실험에서 기본적으로 되었다. 린 자신은 곧 기계의 열정적인 지지자로 되었고, 그것이 촉구하는 듯이 보이는 새로운 디자인 법칙의 가장 영향력 있는 이론가들 중의 하나로 되었다.

연속성에 기초한 이 법칙들은 근본적으로 불연속적인 디지털의 일반 개념과는 맞지가 않았다. 더욱 일반적으로, 디지털 건축은 종종 그것이 영감의 원천이라고 주장하는 과학적, 기술적 법칙들의 특이적 해석에 기초한다. 위상 기하학의 사용은 이런 특이적 해석의 또 다른 경우를 재현한다. 수학자들에게 위상 기하학은 첫째로, 그리고 항상 불변량의 연구와 부합하지만, 건축가들은 그것이 드러내는 기하학적 불연속성에 우선권을 주려 한다. 달리 말해, 디자이너에게 불변량은 극적 변화만큼 문제가 되지 않는다. 아마도 컴퓨터로 시작하여 과학과 기술적 법칙들, 그리고 그것이 사용하는 도구들에 관해 이런 유형의 불일치보다 더 잘 디지털 디자인의 자율성을 도해하는 예는 없을 것이다.

기계는 그럼에도 디지털 건축에 의해 취해진 방향에서 여전히 도구적이었다. 컴퓨터 보조 디자인의 초기 발전 이래 모든 종류의 새롭고 눈부신 형태들은 스크린 상에 나타났다. 이런 어떤 형태들은 구축 환경을 변형시키기조차 시작했다. 그것들 가운데에서 "건축에서의 접힘" 에서 지적된 방향 속에서 나타난, 유기적 생명체를 강하게 연상시키는 부드러운 볼륨에 특별한 언급이 주어져야 한다. 그것들을 가리키기 위해 그렉 린은 '둘로 나뉘는 거대한 대상물' (Binary Large Object)의 머리글자인 "블롭" (blob)이란 용어를 새로 만들었다.[8]

이 명칭이 블롭 모델링의 직접적 언급, 건축가가 사용하는 웨이브프론트 소프트웨어 내의 모듈에서 단지 기술적인 것으로만 가정된다면, 그것은 결과적

8 Greg Lynn, *Folds, Bodies & Blobs: Collected Essays* (Brussels: La Lettre Volée, 1998).

으로 젤라틴 물질로 만들어진 아메바 같은 외계 생물체가 작은 미국 마을을 공격하는 1958년의 유명한 원조적 영화와의 연관 속에서 종종 해석되었다.9 기술성과 괴물성 사이에서 그 용어는 초기적 실험에 포함된 작은 수를 넘어서 컴퓨터 생산된 형태들이 건축가들 사이에서 만났던 양가적 수용을 반영했다. 근대 건축 언어의 인지 내에서 훈련된 눈에는 시각적으로 안정되지 못함으로써, 그것들은 결국 새로움과 유행을 위한 색다른 숭배의 결과로 나타날 수 있었다. 이런 혼합된 수용에도 불구하고, 블롭들은 급속히 구축적 현실로 되었다. 블롭 건축

9 Irvin Yeaworth (director), *The Blob*, 1958. 초기 디지털 건축과의 관계에 관해선 John K. Waters, *Blobitecture: Waveform Architecture and Digital Design* (Gloucester, Massachusetts: Rockport Publishers, 2003), pp. 8-11 을 볼 것.

NOX/ 라스 스파우브룩, HtwoOexpo, 물 전시관, 넬트예 얀스, 네덜란드, 1993-1997. 외부와 내부 모습. NOX/ 라스 스파우브룩 협찬. 비평가 찰스 젱스는 이 건물이 신건축 시대의 패러다임이라고 여겼다.

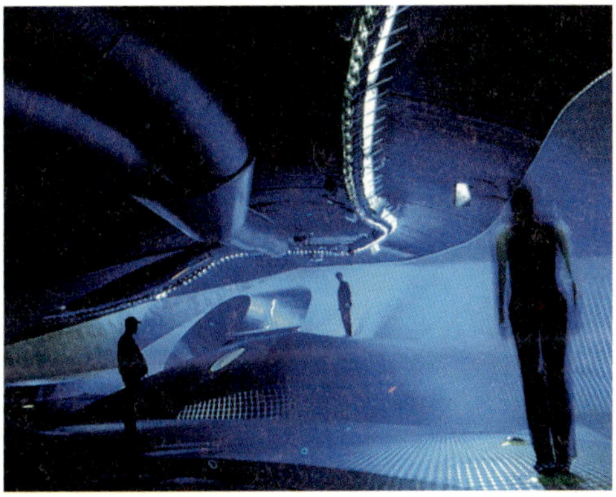

은 계시적으로 라스 스파우브룩(Lars Spuybroek) 같은 급진적 디지털 디자인과 이전의 아키그램 멤버였던 피터 쿡(Peter Cook)이나 퓨처 시스템(Future System)의 얀 카플리키(Jan Kaplicky) 같이 1960년대와 1970년대의 실험적 건축의 역사적 형상들을 같이 조합했다.[10] 스파우브룩의 스튜디오 녹스(Nox)는 1993-1997 물 전시관으로 그 길을 열었다. 몇 년 후에 쿡과 카플리키는 그라츠 쿤스트하우스와 버밍햄의 셀프리지 백화점으로 블롭 건축의 원형적 예를 보여주었다. 블롭 경향이 쿡이나 카플리키에 의해 너무 쉽게 채택되었다는 것은 어떻게, 포스트모던과 접힘

10 실험적 건축의 개념은 피터 쿡이 자신의 책 *Experimental Architecture* (New York: Universe Books, 1970)에서 공식화했다.

피터 쿡, 콜린 푸르니에, 오스트리아 그라츠, 쿤스트하우스, 2003. 파울 오트 사진.

에피소드를 넘어서서, 디지털 건축이 아키그램의 다양한 포드(pod)들과 거품들로 시작되는 이전의 실험적 건축을 이어 받았는지를 말해준다.

블롭들은 그것과는 별도로 디지털 건축이 취한 유일한 방향은 아니었다. 시작부터 그것들은 표피들의 위상 기하학적 자질들과 볼륨들, 그리고 컴퓨터에서 모델화될 수 있었던 기하학적 연산들에 대한 그것들의 연결들을 고려하는 더 넓은 질문들의 부분이었다. 특별한 어필은 르네 톰(René Thom)이 급변이라 불렀던 위상 기하학적 특이성들의 관점에 있었다.[11] 이벤트들에 대한 기하학적 유비와 같이, 그것들은 공간을 고려한 어떤 근본적 가정들에 도전하는 한편, 시간을 공간으로 번역하는 듯이 보였다. 예를 들어 뫼비우스의 띠와 클라인 병이 외부와 내부 사이의 경계, 그리고 더욱 일반적으로 공간과 기능적 시퀀스 사이의 명쾌한 경계의 개념들을 질문했다. 블롭 건축이 이 장 후반에서 제기할 이유로 인해 최근 몇 년간 세워진 반면, 이 특이성들은 그것들의 어필을 획득했다. 벤 반 베어켈(Ben van Berkel)과 카롤리네 보스(Caroline Bos)의 1998년 뫼비우스 주택은 최근에 완공된 호주의 건축가 맥브라이드 찰스 라이언(McBride Charles Ryan)의 클라인 병 주택에서 다시 반향된다.

더 나아가, 접힘과 같이, 디지털 건축가들이 추구했던 부드러움은 문자 뜻대로 거나 혹은 은유적으로 이해될 수 있었다. 그것을 은유적으로 취하는 것은 아메바 같은 블롭보다는 더 넓은 영역의 형상들을 허용했다. 그러므로 미셸 사에(Michele Saee)의 초기 작품과 같이, 각지고 거의 해체주의적 형상으로 전혀 부드럽게 보이지 않는 계획안들이 존재한다. 그러나 블롭과 같이, 그것들은 주류

11 René Thom, *Mathematical Models of Morphogenesis* (Paris: 1974, 영어판 New York: Halsted Press, 1983).

퓨처 시스템(Jan Kaplicky + Amanda Levete), 셀프리지, 버밍햄, 2003. 제이크 데이비스(Jake Davies) 협찬. 그라츠 쿤스트하우스와 같이 계획안의 부드러운 굴곡은 때로 "blobitecture"로 불렸던 것의 전형이다.

UN 스튜디오, 클라인 병, 수학적 디자인 모델. UN 스튜디오 협찬. 흥미로운 위상 기하학적 특이성.

적 기하학과 대비되었으며, 그러므로 디지털과 실험을 혼합하려는 경향을 보강한다.

디지털 건축의 발전은 이전의 디자인 도구를 사용해서는 얻는 것이 불가능했던 형태들에 의해 발휘된 유혹으로부터 의심할 여지없이 장점을 취했다. 1990년대 초까지, 세련된 기하학적 연구들은 콘크리트 셸이나 장력 구조를 위해 사용되는 것들, 혹은 부드럽지만 느슨하게 한정된 플라스틱 주물과 공기 부풀림식 구조들 같이, 포물면이나 쌍곡면들의 존재와 일반적으로 동의어였다.[12] 컴퓨터의 확산은 디지털 건축가들이 그들의 형태적 언어의 영역을 극적으로 확장시키는 것을 허용하며 그것을 변화시켰다. 새로운 것은 형상들 자체의 다양성 뿐 아니라 컴퓨터 모델링을 사용하며 그것들을 엄격하게 한정하는 가능성까지 포함한다.

이 변화는 기하학적 모델링 기술의 폭넓은 배열의 발전으로부터 분리될 수 없다. 와이어 프레임과 단단한 모델링 외에, 마야(Maya)나 라이노(Rhino) 같은 소프트웨어에서 가능한 NURBS – Non-Uniform Rational B-Splines의 머리글자인 –에도 특별한 언급이 이루어져야 한다. 다른 기술들 이상으로, 그것들은 디자이너로 하여금 그것들이 마치 공간 내의 압축되고, 연장되고, 비틀리거나 조여진 실제 대상물 같이, 쉽게 복잡한 변형들을 만들고 시각화하기 위해 고도로 직관적인 방식으로 굴곡과 표면, 볼륨들과 상호 행위를 하는 것을 허용해준다. 이런 관점에서, 그들의 한계에도 불구하고, NURBS는 모델링에 의해 열린 창조적 공간의 상징이다.

더욱 상징적인 것은 계획의 다른 양상들을 협조시킴으로써, 심지어 극도로 복잡한 기하학으로써도 모든 종류의 변형이 쉽게 되는 매개 변수적 디자인의

12 Antoine Picon (ed.), *L'Art de l'Ingénieur: Entrepreneur, Constructeur, Inventeur* (Paris: Centre Georges Pompidou, Le Moniteur, 1997).

최근의 발전이다. 2008년 베니스 비엔날레에서 주어진 전시에서, 자하 하디드 아키텍트의 파트너인 파트릭 슈마허(Patrik Schumacher)는 그가 "매개 변수주의"(parametricism)라 부른 것을 디자이너로 하여금 초기 스케치로부터 구축에 이르기까지, 단일 건물로부터 주요 도시적 구성에 이르기까지 모든 단계와 모든 스케일에서 완벽한 유동성에 이르는 것을 가능하게 하는 건축을 위한 새로운 결정적 계기라고 칭송했다.[13] 그러한 비전이 디자이너들이 여전히 그들의 일상적 실습 내에서 대처해야 하는 다양한 기술적, 경제적 장애물들을 최소화하는 만큼 확실히 단순하다면, 매개 변수적 디자인은 그럼에도 불구하고, 기하학적 복잡성을 다루기 쉽게 만든다.

만약 "컴퓨터들이 본질적으로 형상들을 부여하지 않는다면", 그것들은 디자이너들에게 제공된 가능성들의 영역을 넓히는데 확실히 기여했다. 양식적 관점에서 이 자유의 결과는 계획들의 역동적 외양과 변형에 의해 취해진 중요성으로 인해 새로운 바로크 조건에 종종 동화되었다. 결국 많은 계획안들이 베르니니(Bernini)나 보로미니(Borromini)의 벽체들의 파동을 어느 정도 연상시키는 동결

제시 라이저+ 나카노 우메모토, 웨스트사이드 집합지 현상설계안, 뉴욕, 1999. RUR.

13 Patrik Schumacher, "Parametricism as Style – Parametricist Manifesto", 2008, http://www.patrikschumacher.com/Texts/Parametricism%20as%20Style.htm (2009년 1월 20일 방문).

다니엘 리베스킨트 스튜디오, 빅토리아 앨버트 박물관 확장안, 1996. 이미지 밀러 헤어. 계획안은 해체적 주제와 기하학적 복잡함을 위한 바로크식 경향과의 조합을 보여준다.

된 흐름(frozen flow), 혹은 물결의 개념을 제안한다. 콜럼부스의 제프리 킵니스(Jeffrey Kipnis) 주택의 워터 가든의 소박함으로부터 뉴욕의 거대한 웨스트사이드 현상 계획안에 이르기까지 다른 스케일들에서 제시 라이저와 나카노 우메모토(Nakano Umemoto)의 건축은 '동결된 흐름'의 개념의 다양한 예들을 제공한다. 다른 디지털 작품들은 구아리니(Guarini)의 큐폴라 내의 볼륨과 빛의 복잡하고 거의 프랙탈적인 유희를 더욱 연상시킨다. 다니엘 리베스킨트(Daniel Libeskind)의 런던 빅토리아 앨버트 박물관 확장은 유사한 유희를 제안한다. 작가에 의해 바로크 형이상학과 문화의 어떤 근본적 구조에 접근하기 위한 열쇠로서 라이프니츠를 이용하는 연구로 제공되며, 질 들뢰즈의 접힘 분석은 유비에 또 다른 켜를 제공했다. 철학자로부터의 영감을 주장하며, 접히고, 프랙탈적인 표면들은 바로크 파동의 먼 친척 뿐 아니라 복잡성과 다중성, 운동 같은 개념들에 기초한 지적 유사 관계의 표현으로서도 해석되었다. 그러나 프레스톤 스콧 코엔 같은 디자이너에게 매너리즘과 바로크 정신에 대한 관계는 세련된 투영 기하학에 기초하고, 왜곡된 상 같은 시각적 구축에서 취하는 흥미에 기초한 완전히 다른 경로를 따른다.[14] 들뢰즈에 기초한 독해의 유행에도 불구하고, 디지털 건축을 오늘날의 바로크에 연결시키는 다양한 방식이 있다. 그러나 우리가 잠시 보게 되듯이, 그러한 평행이 너무 멀리 취해져선 안 된다, 왜냐하면 형태 발견에 대한 바로크식 접근과 현재 진행되고 있는 형태학적 실험들 사이에는 중요한 차이가 있기 때문이다.

14 Preston Scott Cohen, *Contested Symmetries and Other Predicaments in Architecture* (New York: Princeton Architectural Press, 2001).

## 복잡성의 다이어그램

결과물이 비록 형태들의 기괴한 양상들과 유사하게 그 다양성으로 인해 기하학적 동물원에 비교될 수 있을지라도, 현대의 형태학적 실험들은 일련의 주요 방향을 따른다; 그러므로 일련의 현대 디지털 건축 계획을 구상할 때 때때로 경험하는 데자부의 인상이다. 보자르나 근대의 건축가들이 반복해서 동일한 근본적 이슈들을 추구하는 것과 같이, 컴퓨터 시대의 디자이너들은 그렉 린에 의해 드러난 접힘 프로그램의 핵심에 있던 이질적 하부 부분들 사이의 부드러운 전이 같이 공전되는 문제들에 집중하려 한다. 이것은 동결된 흐름이나 단일의 접힘 표면들 같이 일련의 디지털 건축의 가장 놀라운 양상들의 반복적 특징을 고려한다.

제이콥 + 맥팔레인, 파리 부두 외관, 2007. Jacob + MacFarlane 협찬.

그러한 의제는 건축 형태를 혁신적 기하학의 순수한 유혹을 넘어서 가는 어떤 것 속에 정착시키려는 계획에 연결된다. 다른 예술들과 대조되게, 건축은 유연한 팁이 거의 쉽지 않다. 형태 발견 과정을 이끄는 법칙들일지라도 반드시 이유가 있다. 디자이너들이 종종 프랭크 게리의 빌바오 구겐하임 미술관이나 로스앤젤레스 월트 디즈니 공연장 같은 굉장한 건물들에 대해 유보하는 미지근한 수용은 이러한 요구의 결과이다. 결국 그것들의 뒤틀린 형태들은 즉각적인 시각적 만족에 대한 요구로 이끄는 것 이상을 따르지는 않는 듯이 보인다. 동일한 종류의 비평이 아마도 기하학이 엄격한 법칙을 따르지 않는 듯이 보이는 파리 세느강 위의 프랑스 패션 협회 같은 제이콥 + 맥팔레인(Jacob + MacFarlane)의 최근작에 대해 만들어질 수 있다.

이유나 법칙에 대한 갈망은 건축 형태가 점점 덜 고립되고 정적인 실체로 나타난다는 사실에 의해 보강된다. 모델링 소프트웨어와 그 밑에 깔린 계산 기초의 프레임은 보통 일련의 연속적인 형태들, 즉 기하학적 흐름, 혹은 고정된 형상 보다는 직접적 변형이나 매개 변수적 변양태들로부터 얻어지는 영상에 가까운 어떤 것을 만들어낸다. 「주름」에서 질 들뢰즈는 연속적 시리즈의 요소로서의 끝없는 대상물들을 발생시키기 위한 능력을 가리키기 위해 "오브젝타일"(objectile) 이란 용어를 도입했다. 그 용어는 후에 프랑스 디자이너 베르나르 카스(Bernard Cache)에 의해 "비표준적인" 가구와 건물들을 만들어내기 위한 변양태의 이런 잠재력을 이용하기 위해 그의 실습들에 이름이 사용되었다.[15]

흐름 속의 요소나 순간으로서, 형태는 동적 기하학을 동결시킴으로써 만들어지는 스틸 프레임으로 생각될 수 있다. 우리가 알게 되듯이, 형태는 또한 생겨나는 어떤 것, 발생, 혹은 사건에 상응할 수 있다. 우리가 건축을 하나의 퍼포먼스 예술로 해석하려는 오늘날의 경향의 뿌리를 발견하는 것은 이 지점이다. 형태의 새로운 상태–직접적인 변형이나 매개 변수적 변양태를 허용하는 일종의 수

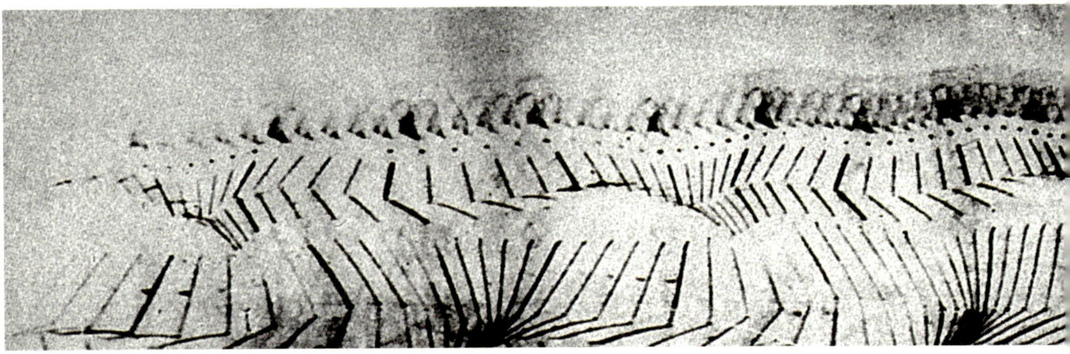

에티엔 쥘 마레, 검정 색과 흰 줄이 있는 옷을 입고 걸어가는 사람, 1885년 경. 하버드 대 미술 도서관 협찬. 운동에 대한 마레의 연구에서 동물이나 인간의 형태는 이미 "활성화" 되고 있다.

15 Bernard Cache, *Objectile* (Orléans: Editions Hyx, 1998).

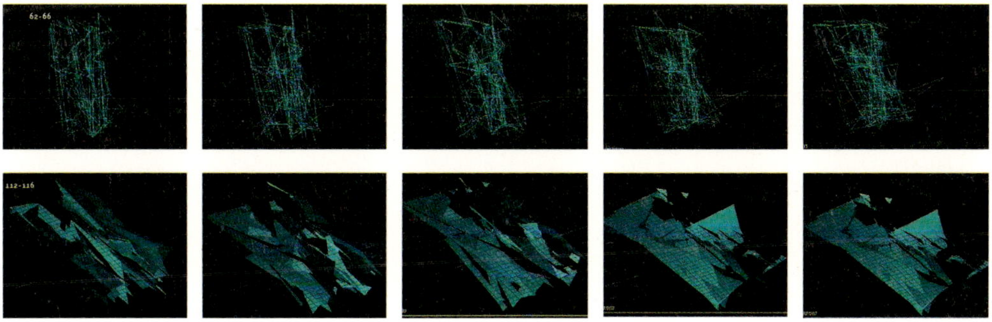


그렉 린, 주택 원형, 1994. 그렉 린 형태 협찬. 계획안이 어떻게 "끌림과 밀침의 구배적 장" 을 따라 진화하는지를 보여주는 일련의 이미지들. 형태는 이론적으로 끝이 없는 변형 과정 속의 스틸 프레임과 유사한 것으로 된다.

학적 엔진으로서의 계산적 보조를 통한 그것의 생산으로부터 나오는 상태–를 상상하는 또 다른 방식은 형태가 기하학적 운동을 발생시키는 힘들의 장과 분리될 수 없이, "활성화" 되어 있다는 그렉 린의 의견을 고려하는 것이다. 영화에서 사용되는 모핑 기술과 바로크와의 침투력 있는 유비와는 별도로, 과학자 에티엔 쥘 마레의 운동에 대한 연구는 린의 논의를 위한 영감의 또 다른 중요한 원천을 재현한다. 마레의 어떤 연구들에서 움직이는 동물이나 사람의 형상들은 더 이상 그런 식으로 식별 가능하지 않다. 위치들이 운동을 통해 사진에 찍히는 센서들의 사용으로써, 그들은 거의 연속적인 점들의 흐름을 발생시키며, 그러므로 거의 영화적 방식으로 형태와 흐름 사이의 밀접한 연결을 확실하게 만든다.[16]

이런 원근 속에서 두 종류의 질문이 즉각적으로 떠오른다. 첫 번째는 디자이너의 자유 의지와 영감을 초월하는 원천이나 힘, 혹은 구배들- 과학적 언어를 사용하자면- 을 작동시키기에 적절한 방식을 고려한다. 건축 형태는 새롭고 즐거운 것–이런 자질들이 포기되지 않을 것이라 해도–의 단순한 추구로부터 결과되어서는 안되므로, 문제는 더욱 일반적인 건축적

16 Greg Lynn, *Animate Form*, pp. 26-28, 마레에 관해서는 예를 들어 François Dagognet, *Étienne-Jules Marey: A Passion for the Trace* (Paris: 1987, 영어판 New York: Zone Books, 1992)참조.

관심에 연결을 시키는 한편, 지역적 조건으로부터 더 넓은 경제적 경향에까지 아우르는 외적 현실 속으로 그것을 어떻게 집어넣을 것인가이다. 형태가 만약 동결된 순간이거나 연속적 흐름 속의 하나의 스틸이라면, 수력학 법칙에 대한 어떤 등가물이 디자이너로 하여금 가장 효과적인 방식으로 기하학적 흐름을 향하도록 허용해주기 위해 제안될 수 있겠는가? 달리 말하자면, 어떤 종류의 법칙들이 고립된 예술적 창조의 임의성에 의존하지 않아야 하는 형성의 과정을 설명하기 위해 끌어내질 수 있겠는가?

두 번째 세트의 질문은 이런 기하학적 흐름들 내의 특별한 순간들의 결정과 선택과 관계를 가진다. 자신들의 새로움, 그리고 무엇보다도 직접적 변형이나 매개 변수적 변양태로부터 얻어지는 대안들의 연속체로부터 분리될 수 없는 형태들로 인해 전통적 기능적, 미적 기준들이 쉽게 적용되지 않는 건축 형태들과 직면하여, 건축가들은 어떻게 가장 적절한 해결책- 완벽한 행복의 순간에 그만 둘 시간을 묻는 파우스트와 같이–을 결정할 것인가? 완벽하지는 않더라도, 가장 적절한, 타당하기라도 한 해결책의 개념? 전통적인 건축적 형태–발견 과정은 복잡한 디자인 과정을 통해 점차 도달하는 최적에 대한 절대적 믿음으로부터 분리될 수 없었다. 컴퓨터는 이 믿음을 건축가들로 하여금 결코 그치지 않는 진화로서의 역동적 실체의 훨씬 더 유동적 세계와 대면하게 함으로써 위험에 빠뜨렸다.

이 두 가지 질문에 어떤 대답을 가져오더라도, 디지털 건축을 특징짓는 형태에 대한 관심이 어떻게 그것의 잠재적 완벽함에 대한 어떤 종류의 믿음도 동시에 포기하는 것에 의해 수반되는 지를 보는 것은 놀랍다. 플라토닉 이상주의보다 더 컴퓨터가 유도한 형태주의에 반대되는 것은 없다. 이것에 아마도 바로크와 디지털의 형태에 대한 경향들 사이의 중요한 차이들 중의 하나가 존재한다. 바로크가, 그것의 일탈에도 불구하고, 질서와 비례의 법칙과 규칙에 대한 성기 르네상스식 믿음, 그리고 건축에 형이상학적 반향이 깃든 완벽성을 가져다 줄 것으로 가정되었던 관찰의 후계자로 남았던 반면,[17] 디지털 건축은 자신을 충만이

17 바로크 시기의 질서와 비례에 의한 지속적 역할에 관해서는 예를 들어, Hanno Walter Kruft, *A History of Architectural Theory* (Munich: 1985, 영역본 New York: Princeton Architectural Press, 1996), Georg Germann, *Vitruve et le Vitruvianisme: Introduction à l'Histoire de la Théorie Architecturale* (Darmstadt: 1987, 불어본 Lausanne: Presses Polytechniques et Universitaires Romandes, 1991)을 볼 것.

나 완벽의 추구와는 거리를 둔다. 바로크의 형이상학적 차원은 또한 많은 디지털 디자이너들에 의해 채택된 강한 유물론적 입장과는 대조를 이룬다. 고전적 요소로부터 로버트 벤추리의 "오리" 이론에 의해 영감을 받은 대중문화에 이르기까지, 인식될 수 있는 상징에 대한 포스트모더니스트적 취향에 대한 대응으로, 그들 중 어떤 이들은 건축에 외적인 어떤 종류의 "의미"도 거부할 정도로 나아간다.[18]

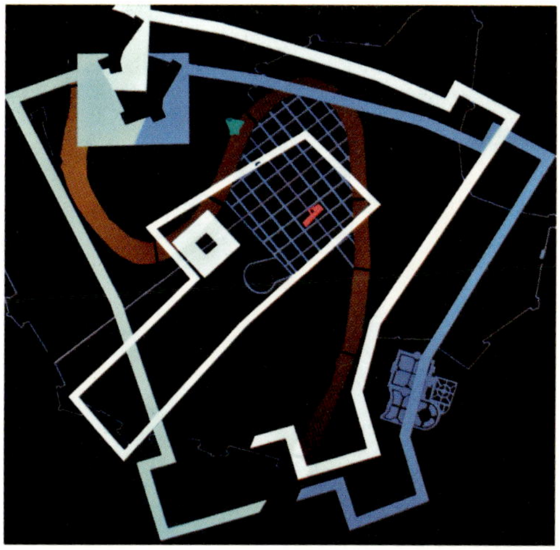

아이젠만 아키텍트, "Moving Arrows, Eros, and Other Errors: An Architecture of Absence" (로미오와 줄리엣 성), 이태리 베니스 3차 국제 건축 비엔날레, 1985. 아이젠만 아키텍트 협찬. 팰림세스트로서의 계획.

그러한 배경에서, 우리는 디지털 건축의 주요 방향과 피터 아이젠만에 의해 주도된 일반적 방향 사이의 수렴에 놀랄 수밖에 없다. 후자의 행로에서 거의 시작부터 문제가 되어 온 것은 순수한 존재로서의 건축, 충만함이나 완벽함으로서의 건축적 형태 등의 급진적 비판이다. 그런 관점에서, 가장 특별한 순간들 중의 하나–그가 들뢰즈의 책을 발견한 후에 뒤따른 그의 "접힘" 단계는 제쳐두고-는, 형태가 어떤 것들은 실제로, 또 다른 것들은 상상으로 되는 일련의 흔적들을 만들어내는 팰림세스트로 되는, 1986년도 베니스 비엔날레를 위해 개발된 로미오와 줄리엣 계획안 같은 소위 "고고학적 계획안들"에 부합된다. 그 건축가는 그 당시 자크 데리다(Jacques Derrida)의 해체주의 철학에 의해, 그리고 특히 「글쓰기와 차이 *Writing and Difference*」, 혹은 「그라마톨로지 *Of Grammatology*」 같은 책들에서 보여주었듯이 그의 차이의 이론에 의해 영감을 받았다.[19] 데리다에게 있어 텍스트는 항상 어떤 예견된 의미도 없는 차별화 과정, 즉 글쓰기를 현전의 어떤 형이상학적 개념을 넘어선 어떤 것의 흔적으로 변형시키는 과정의 숨어있는 작업에 침투적이었다. 아이젠만은 자신의 고고학적 계획안들로써, 학문의 완전한 현전과 충만함에 대한 주장을 전복시키기 위해, 건축

18 "오리" 이론, 혹은 대중문화의 아이콘으로부터 형태를 빌려 온 건물들은 Robert Venturi, Denise Scott Brown, Steven Izenour, *Learning from Las Vegas* (Cambridge, Massachusetts: MIT Press, 1972)에서 언급된다. 의미의 거부는 예를 들어 Jesse Reiser and Nakano Umemoto's *Atlas of Novel Tectonics* (New York: Princeton Architectural Press, 2006)에서 확실히 나타난다.
19 Jacques Derrida, *Writing and Difference* (Paris: 1967, 영역본 Chicago: Chicago University Press, 1978), *Of Grammatology* (Paris: 1967, 영역본 Baltimore: John Hopkins University Press, 1976).

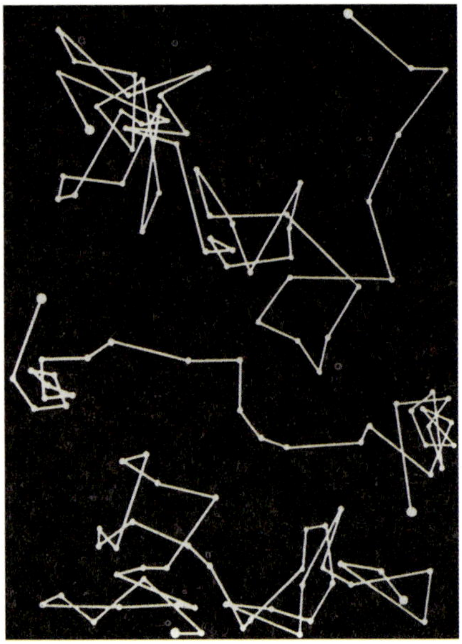

미세입자의 브라운 운동의 예

내에서의 유사한 과정의 존재를 밝히려 노력했다.

흐름의 동결된 순간으로 상상됨으로써, 디지털 생산된 건축 형태도 또한 하나의 흔적으로 여겨질 수 있다. 결국 컴퓨터 스크린 상에서의 작업을 따르지 않았던 자들은 일반적으로 그것이 최종적으로 나타나는 것을 허용하기 위해 옆에 남겨져왔던 가능성들의 거대한 영역을 모른다. 그러나 유동적 기하학과 그것의 매개 변수들을 넘어서 무엇이 존재하는지에 대한 질문은 남는다. 디지털 형태주의는 더 넓은 이슈들을 검토하고, 다른 것들 가운데에서 안정성과 현대의 리얼리티를 특징짓는 불안정성의 복잡한 혼합을 표현하기 위한 야망과 분리될 수 없다. 다른 방식으로 표현하자면, 형태는 더 많은 수의 차원들을 포함하는 현상의 통상적 공간 내의 투영으로 고려될 수 있다. 결국 투영은 흔적 이상의 것이 아니다.

이 다차원적 현실에 대한 디지털 형태주의의 접근은 질 들뢰즈가 발전시킨 연속성, 다양성, 복잡성의 철학과 근사하다. 결국 후자의 생각은 더 넓은 틀 속에 자신들의 직관들을 위치시키려는 많은 디지털 디자이너들을 위한 이정표로 작용했다. 그것의 본질적 매력에 더해, 들뢰즈의 유동적 우주는 또한 동역학계나 생체기술, 나노기술 같은 최근의 과학적, 기술적 발전들과 깊게 부합된다. 펠릭스 가타리(Félix Guattari)와 함께 서명한 「자본주의와 정신분열증 *Capitalism and Schizophrenia*」의 두 개 볼륨 같은 책들[20] 에서 설명된 이런 우주에서, 질서는 무질서로부터 끊임없이 나온다; 평형은 상대적이며, 동적이고 일시적이다. 사물은 데카르트의 물리학에서와 같이 수동적이지 않다; 그것은 무기체와 유기체 사이의 분리 같은 전통적 경계를 흐리는 되기들의 기반으로 나타난다. 들뢰즈의 세계는

20 Gilles Deleuze, Félix Guattari, *Anti-Oedipus: Capitalism and Schizophrenia* (Paris: 1973, 영역본 Minneapolis: University of Minnesota, 1983), *A Thousand Plateaus: Capitalism and Schizophrenia* (Paris: 1980, 영역본 Minneapolis: University of Minnesota, 1987).

전자의 존재가능성. 수소 원자의 양자 상태의 중첩.
CNRS Phototheque/CNET/ Lactamme/
Jean-Francois Colonna.

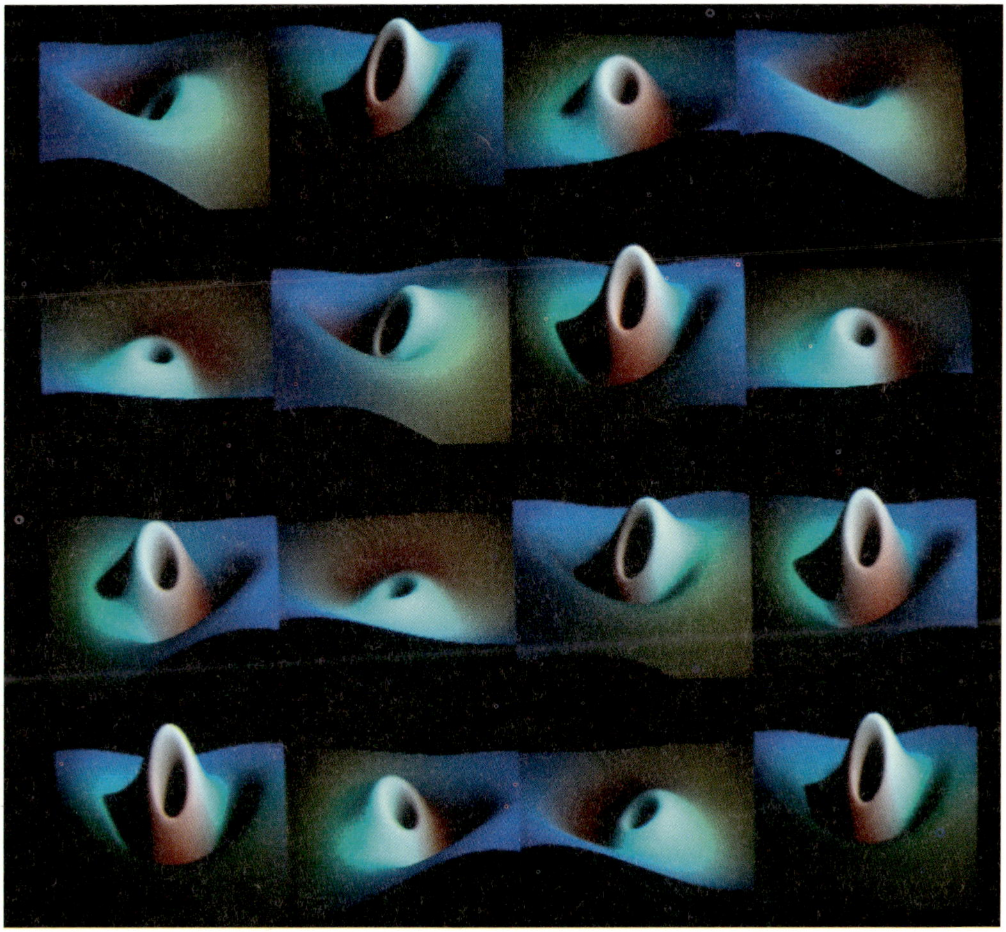

끊임없이 움직인다. 반대로 다시 한 번 데카르트식 정의에 대해, 운동은 단순한 공간적 이동 이상의 다른 감각으로 이해된다. 심지어 양적인 것 이상으로 그것은 질적이다. 분화, 점진적 조직화, 성장 같은 현상들과 생물학은 기계적 이미지보다는 그것의 본성을 이해하는데 더 나은 지침을 제공한다. 운동은 잠재성의 현실화(actualization), 혹은 더 정확하게는 잠재성 자체이다.

현대의 디지털 디자이너들은 운동을 발생시키는 힘들과 그것의 연속적 장들로써 이 새로운 리얼리티와 일치하는 방식으로 그들의 계획안들을 만들어 내려 노력한다. 이런 접근에서 형태는 주물 속의 주조되는 형상과 같이 외부로부터 결정되어 나타나지 않는다. 그것은 오히려 계획안의 진정한 맥락을 구성하는 힘들과 종종 보이지 않는 장들에 의해 형상지어진다. 이것은 그것들의 본질적인 복잡성을 수용하는 것을 수반한다. 비선형과 창발 같은 자질들에 밀접하게 연결되어, 복잡성은 현대의 물리적, 생물학적 과학의 키워드를 재현한다. 모더니티에 의해 주장된 직접성에 반대되어, 복잡성은 또한 현대 건축의 동기가 되었다. 그것은 건축에서 반향될 것으로 가정되는 다중성을 함축한다. 그렉 린에 의해 "건축에서의 접힘" 에서 제시되는 방향과 일치하게, 형태는 더 이상 깊게 통일된 구성으로 자신을 표현하도록 구속되지 않는다; 그것은 상호적 존재에 의해 변화되는 시퀀스들의 앗상블라주로서 남을 수도 있다. 물론 모던 건축은 병치(juxtaposition)를 사용했다. 그러나 반자율적인 볼륨들의 충돌은 그것들의 상호 작용을 통해 얻어지는 더 깊은 개체 속에서 그것의 반대급부를 발견할 것으로 가정되었다. 디지털 건축은 종종 더 나은 수준의 응집의 요구에 결과를 복종시키는 것을 거부하는 한편, 반대로 부드러운 전이를 이용하는 서로 연동된 부분들에 의해 진행될 것이다.

무엇보다도 복잡성은 자연적, 사회적 과정들 모두를 특징짓는 자질들 가운데에 있다. 기하학을 넘어서서, 그러나 또한 프로그램과 기능의 고전적 개념들 또한 넘어서서, 디지털 건축은 인간 사회와 그것의 더욱 더 지구적인 차원의 최근의 진화와 동조하는 것을 목표로 한다. 세계적 유행에 대한 특별한 관심으로써, 디지털 건축의 이데올로기적 의제는 현대의 건축적 스타 시스템과 게리의 구겐하임 미술관 같이 그것의 가장 유명한 실례의 핵심에 있는 가치들로부터 그렇게 멀리 있지 않다. 비록 수많은 디지털 디자이너들이, 자율성을 주장하려는 계획들과 평행하게, 1980년대 경에 건축적 훈련을 가졌던 결정적 의제에 충실하게 남으려 했을지라도, 대다수는 함축적으로, 혹은 노골적으로 렘 콜하스(Rem Koolhaas)의 경향, 세계에 대한 그의 외견상 냉소적인 시인 등을 따르며, "리얼리즘" 의 노선을 선택했다. 로버트 소몰(Robert Somol)과 사라 휘트닝(Sarah Whitning)[21]에 의해 "포스트-비평" 으로 덧씌워져, 후기 자본주의에 의해 지배되는 세계 내에서의 건축적 실습의 일반적인 이데올로기적 정당화를 재현하게 되었던 의제의 계류는 디지털 건축을 명백한 정치적 입장 없이 남겨두었다. 오늘날의 가장 도발적인 도전들 중의 하나는 건축적 복잡성의 정치적, 사회적 적절성을 고려한 설득력 있는 논쟁을 어떻게 만들어 내는 가로 될 수도 있다.

비평적 의제에 충실하건, 포스트-비평적 경향을 채택하려 하건, 디지털 디자이너들은 일반적으로 형태화의 문제로부터 분리될 수 없다는 것을 고려하기 위해 역동적 원근으로 형태의 문제를 상상할 필요성에 동의한다. 그러나 우리가 형태화를 단순한 기하학적 형태-발견 이상으로 더 깊은 수준에서 상상하는 것은 어떤가? 다시 한 번 들뢰즈를 따르며, 다양한 시도들이 다이어그램으로부터 시작하도록 되었는데, 그것은 어떤 형태학적 이동 이전에 계획의 발생에서 역할을 해야 하는 장들과 힘들을 고려하는 것으로부터 시작하는 것이다. 들뢰즈[22]에 의해 동역학적 관계들을 매핑하는 "추상기계"(abstract machines)로 그려진 다이어그램들은 건축가들 사이에서 구성과 유형적 몰두를 위한 대안으로 유행하게 되었다. 그것들은 형상력들이 부여되는 힘들 사이의 능동적 관계 뿐 아니라 잠재적 현실로부터 그것의 현실화로의 경로를 촉발하고 안내하며, 건

UNStudio, 프로그램 다이어그램, IFCCA, 뉴욕, 1999. UNStudio 협찬. 벤 반 베어켈과 카롤리네 보스의 초기 다이어그램은 그들의 전략적 본성을 강조했다. 그것들은 형태-발견 과정을 앞서고 방향 짓는 동역학적 관계들의 지도로 인식되었다.

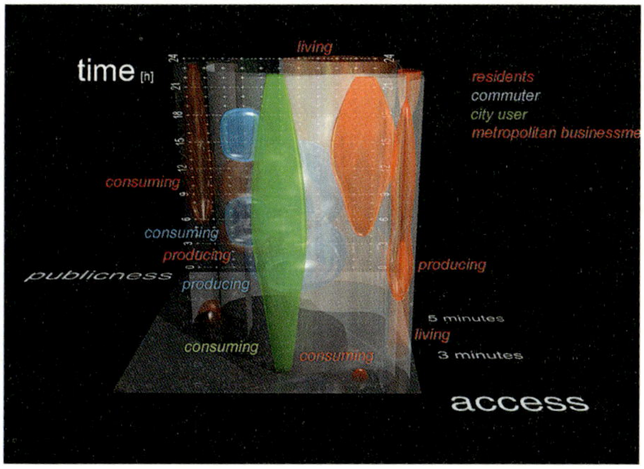


21 Robert Somol, Sarah Whiting, *op.cit.* 또한 동일한 저자들이 게스트 편집한 *Log* 잡지 no. 5, 2005년 봄/여름호를 볼 것.
22 particular Gilles Deleuze, *Foucault* (Paris: 1986, 영역본 Minneapolis: University of Minnesota Press, 1988)를 볼 것.

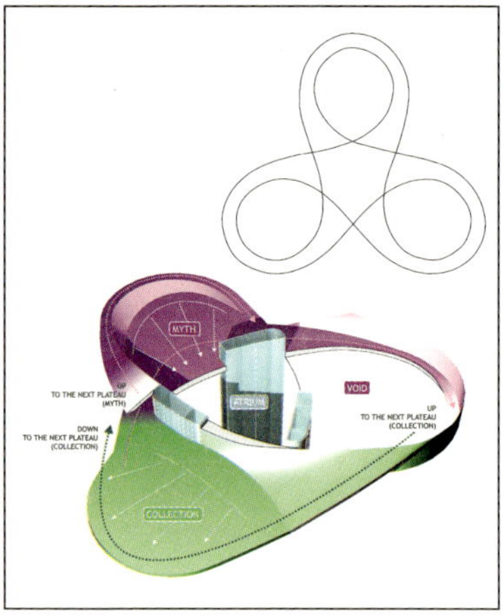


UNStudio, 세 개 꽃잎 다이어그램 디자인 모델과 기본 평면. 메르세데스-벤츠 박물관, 슈투트가르트, 2001-2006. UNStudio 협찬. 여기서 세 개 꽃잎 다이어그램은 보자르의 '결정' 과 같이 기능한다.

축 형태의 창발로 이끄는 과정까지 포획하도록 되어 있다. 실질적으로, 다이어그램들은 그들의 약속을 거의 충족시키지 못했다. 그것들이 마치 경제적, 정치적, 사회적 경향들과 같이, 무엇보다도 장들과 힘들을 다루도록 가정되었지만, 그것들은 종종 스타일적인 구성적 방향으로 환원되었다. 그러한 진화는 예를 들어 UN 스튜디오의 작품에서 관찰될 수 있다. 그들의 반대의 주장에도 불구하고, 벤 반 베어켈과 카롤리네 보스는 종종 다이어그램을 보자르 전통이 "결정"(partis: 내재하는 안)이라 부른 것, 즉 기능적, 공간적 요구사항들의 분절을 연상시키는 방식으로 사용했다. 이런 방향은 그들이 최근 다이어그램들을 궁극적으로 "디자인 모델들"의 단계들, 즉 어떤 경제적, 정치적, 사회적 고려로부터도 자유롭게 그려진 공간적 조직의 포괄적 패턴들이라고 제안한 것에서 특히 명백하게 되었다.[23] 슈투트가르트의 메르세데스-벤츠 박물관 같은 계획에서 계획의 다이어그램과 보자르의 "결정" 사이의 유일한 의미 있는 차이는 통일적 법칙으로서의 일련의 축들을 사용하는 대신 위상 기하학적 형상인 세 개 꽃잎(trefoil leaf)을 사용했다는 데에 있다.

그럼에도 불구하고, 다이어그램에 부여된 의미는 사물들의 표피에 남는 대신, 현실의 근본적 구조들을 검토하기 위한 건축학의 욕망을 상징한다. 반 베어켈과 보스가 만든 신조어인 "깊은 계획"(deep planning)은, 비록 그것의 적용이 항상 그것이 전달하는 의도에 충실하지는 않았을 지라도, 그런 관점에서 특히 의외로 유용하다.[24] 역설적으로, 깊이의 추구는 파사드나 표피에 대한 몰두로 이끌었는데, 달리 말하자면 표면적인 것, 2차원 적인 것에 대한 몰두였다. 건축가이자 예술가인 알리시아 임페리알(Alicia Imperiale)이 말하듯, 디지털 건축은 우리에게 모더니티에 의해 선호되었던 3차원적 건축 공간에 완벽히 대조되게, "새로운 평면성"을 선사한다.[25]

23 보자르의 "parti" 개념에 관해선 예를 들어, Arthur Drexler (ed.), *The Architecture of the École des Beaux-Arts* (London: 1977, 재판 London: Secker & Warburg, 1984)을 볼 것. The notion of "design model" 의 개념은 Ben van Berkel, Caroline Bos, *UN Studio Design Models: Architecture, Urbanism, Infrastructure* (London: Thames and Hudson, 2006)의 중심 주제이다.

24 Ben van Berkel, Caroline Bos, *Move* (Amsterdam: UN Studio, Goose Press, 1999), vol. 1, pp. 29-33 in particular.

25 Alicia Imperiale, *New Flatness: Surface Tension in Digital Architecture* (Turin: 2000, 영역본 Basel, Boston, Berlin: Birkhäuser, 2000).

UNStudio, 메르세데스-벤츠
박물관, 외관.
사진: Christian Richters

## 건축으로서의 표피

이런 경향을 설명하는 데에는 다양한 방식이 있다. 철학적 관점에서 그것은 포스트모더니스트 이론과 그것이 인간 주체의 변화하는 정체성에 제공하는 통찰에 연결하려는 유혹을 느끼게 된다. 프레드릭 제임슨(Fredric Jameson)은 자신의 영향력 있는 1984년 아티클, "포스트모더니즘 혹은 후기 자본주의의 문화적 논리"(Postmodernism or the Cultural Logic of Late Capitalism)에서 많은 포스트모던 산물들 가운데에서 이미 "깊이가 표피, 혹은 다중의 표피들로 대체되는 것"을 주목했다.[26] 표피나 피부에 부여된 강조는 언어 게임들에 대한 감수성, 그리고 리오타르가 포스트모던 주제로 돌린 다른 역할들을 하기 위한 능력 속에서 잘 조율된다. 왜냐하면 언어 게임들은 페이지 위에 글을 쓰는 것이나 자신의 보조적 물질들에 단지 표피적으로 스며드는 어떤 종류의 기명과 같이 사물들의 표피에만 남기 때문이다. 게임이란 용어 자체는 이런 표피적 함축을 강화한다. 게임들은 심각할 수도 있지만, 그것들은 항상 임의적이고, 어떤 불투명한 미리 선재한 현실의 표면에 위치한다. 포스트모던 주제에 의한 역할에서와 같이, 그것들은 잠시 동안 착용하는 마스크에 비교될 수 있다; 그것들은, 다시 한 번, 표피적이다. 어떤 대상물의 가장 촉지적 부분인 표피는 또한 고통과 쾌락의 시각적, 촉각적 감각들과 결합된다. 궁극적으로, 포스트모던 표피성은 우리의 디지털 기술 침투적 현대 문화 내의 감각의 점진적 중요성과 연결된다.

건축에서 표피성은 더욱 실무적 요소들과 역시 연결된다. 전자 매체의 증가하는 중요성과 함께, 건축을 거대한 정보 전시로 변형시키려는 욕구도 싹튼다. 건축가이자 이론가인 스티븐 페렐라(Stephen Perrella)는 하이퍼미디어와 같이 상상되는 사이버 공간과 주로 투영의 표피, 혹은 터미널 등으로 인식되는 건축 사이의 수렴을 명칭하기 위해 "하이퍼 표피"(hypersurface)이라는 용어를 만들어냈다.[27] 우리는 물론 그런 진화가 사이버 공간의 창발을 선행한다고 논의할 수 있

26 Fredric Jameson, "Postmodernism or the Cultural Logic of Late Capitalism", in *New Left Review*, I/146, 1984년 7-8월호, pp. 53-92, 특히 p. 62.

27 Stephen Perrella (ed.), "Hypersurface Architecture", *Architectural Design* (London: Wiley-Academy, 1998), "Hypersurface Architecture II", *Architectural Design* (London: Wiley-Academy, 1999).

디지털 미디어 도시를 위한 기호 개념, 대한민국 서울. 데니스 프렌치맨, 라이닝 겡(Lining Geng), MIT 협찬.

다. 타임 스퀘어나 신주쿠의 거대 간판들은 이미 그런 하이퍼 표피들의 종류이다. 그럼에도 불구하고, 우리는 현대의 컴퓨터와 네트워크들에 의해 열린 원근들이 증권 거래 시세와 상업적 광고의 단순한 전시를 넘어서 나아간다는 것을 인식해야 한다. 데니스 프렌치맨(Dennis Frenchman)에 의해 주도된 MIT팀이 디자인한 서울 디지털 미디어 도시를 위한 기호 계획과 같은 계획들은 이미 도시적 공공 공간을 위한 그것들의 가능성을 실험하기 시작했다.[28] 표피를 선호하는 또 다른 일련의 실제적 논의들은 지속 가능성의 요구로 함축되는 에너지 요구들로 연결된다. 건축 저널들은 이제 건물들의 행태를 철저히 개량할 것으로 가정되는 표피 조건들에 기초한 계획과 실현들로 채워지고 있다. 환기되는 이중 파사드 같은 안들의 증식으로, 깊이는 실제로 표피 속에 내장된다. 다음 장에서 보게 되겠지만, 이러한 에너지 요구와 오늘날 관찰되는 표피의 강조와 텍토닉의 위기 사이에는 연관이 있다.

표피의 전략적 중요성은 또한 많은 현대 건축 프로그램들의 요구되는 유

28 See Anthony Townsend, "Digitally Mediated Urban Space: New Lessons for Design", in *Praxis. Journal of Writing+Building*, no. 6, 2004, pp. 100-105.

연성과 복잡성, 불안정성 등과 관련이 있다. 이 복잡성과 불안정성, 유연성 등과 직면하여, 건축가들은 종종 단순한 외피, 포장지에 가까운 어떤 것을 만드는 것을 허용함으로써 그들의 야망을 어쩔 수 없이 제한하도록 된다. 그러한 상황에서, 외피에 의해 부여된 유혹은 프로그램적 이질성과 불확실성을 균형 잡으려는 잠재력으로부터 유도된다. FOA가 최근 레스터에 설계한 존 루이스 백화점은 정교한 레이스 패턴으로 인해 이러한 경향으로 가져 온 결과들의 흥미로운 예를 제공한다. 그 계획은 또한 표피에 부여된 강조로 유도된 장식의 재발견의 전형적 예이다.

그러나 우리는 이러한 강조가 전문적 역량과 정치적 책임의 어려운 질문을 야기한다는 것을 인식해야 한다. 어떤 경우들에서, 건축가들에게 남겨진 듯이 보이는 것은 패션 디자인과 흡사한 업무, 몇 년 전 벤 반 베어켈과 카롤리네 보스에 의해 우리가 억지로 공유할 필요가 없는 열정으로써 불러 일으켜진 원근이다. 결국 거대한 캘빈 클라인과 같이 "미래를 입히는 것", 그러므로 "세계에 대해 거울을 비치는 것"은 세계에 더욱 긍정적 방식으로 영향을 주려던 이전 건축의 야망으로부터의 퇴행을 잘 재현할 수도 있다.[29]그런 수준에서 역시, 우리는 디지털 건축을 특징짓는 정치적 모호함의 결과를 관찰할 수 있다.

폭넓은 문화적 진화와 현실적인 프로그램적 제약들을 암시하는 철학적 논쟁들 사이에서 디지털 건축의 표피에 대한 강박은 또한 일련의 더욱 특별한 동기들에 부합한다. 이 동기들은 궁극적으로 두 개의 주요 논의들 주위를 공전한다. 첫 번째는 표피들이 볼륨들 보다는 형태화 과정의 징후를 더욱 즉각적으로 산출한다는 개념과 관계를 가지는데, 그것은 조르쥬 리아로풀로스-르장드(George Liaropoulos-Legendre)가 그의 에세이 「ijp: 표피들의 책 *ijp: The Book of Surfaces*」[30])에서 명백히 밝힌 관점이다. 볼륨들이 외적으로 결정되는 듯이 보이고, 그러므로 임의적이고, 동일한 이유에서 어느 정도 불투명하고 불활성인 반면, 표피들은 매개변수적인 변양태들의 더욱 순수한 표현으로 나타난다. 볼륨들이 기하학적 흐름

29 Ben van Berkel, Caroline Bos, *op. cit.*, vol. 1, p. 27.
30 George Liaropoulos-Legendre, *ijp: The Book of Surfaces* (London: Architectural Association, 2003).

FOA, 존 루이스 백화점, 레스터, 2008. 사토루 미시마. 표피에 부여된 새로운 중요성과 장식의 부활 모두를 상징하는 계획의 벽들을 덮는 덩굴들의 화려한 소용돌이.

조르쥬 리아로폴로스-르장드, 센젠 현대 미술관, 2007. IJP 주식회사. 표피는 매개 변수적 내재의 장을 가로 질러 함몰의 통계적 분배를 통해 건물의 내적 조직을 결정한다.

들로부터 독립적인 아이디어들을 제시하는 반면, 표피들은 이런 흐름들의 그대로의 구현으로 보일 수 있다: 표피들은 시간의 내적 구조에 더욱 밀접하게 자연스럽게 활성화된다. 더욱 일반적인 수준에서, 표피들은 또한 새겨 넣기에서 접힘에 이르기까지 모든 종류의 수행들에 대해 더욱 수용적이다. 우리는 그것들을 이러한 수행들의 흔적이라고 해석할 정도로 멀리 갈 수도 있다.

볼륨들이 부여한 듯이 보이는 더 큰 수준의 임의성은 최근의 블롭들(blobs)의 놀라운 쇠퇴를 설명해줄 수도 있다. 그들의 초기의 성공 이후, 디지털 디자이너들이 선호하는 원들을 초월하는 그들의 확산에도 불구하고, 그것들은 더 이상 첨단의 연구를 보여주지 않는다. 그렉 린 자신은 부분들과 전체 사이의 관계, 그리고 그의 콜럼부스의 프레데터 설치나 알레시를 위한 차와 커피 광장 같은 실현 속에서의 장식과 컴퓨터 보조 물질 제작 사이의 관계 같은 질문들을 연구하기 위해 그것들로부터 떨어져 나갔다. 역설적으로 "블롭"이란 용어는 작은 규모의 모듈러 구성 요소들에 적용하기 위해 최근 그의 작업으로 다시 돌아

왔다. 그의 블롭벽체(Blobwall)에서 블롭들은 더 이상 계획의 구형 기하학을 특징짓지 않는다. 그것들은 벽돌이 무엇인지를 재정의하기 위해 경량의 채색된 단위들을 재현한다.

최근의 경향을 설명하는 논의의 두 번째 노선은 표피들이 오랫동안 학문을 특징지었던 근본적인 이분법적 구조들-예를 들어 외부와 내부 사이의 구분 같은-의 어떤 것들과 마찬가지로 건축의 존재의 전통적 모드에 도전한다는 사실과 관계된다. 표피들은 공간을 둘러쌈으로써 한정짓지 않는다; 그것들은 공간을 그들의 다양한 굴곡들을 따르는 켜들로 만들어낸다.[31] 이것은 공간이 하나의 켜로 나타나거나, 혹은 오히려 계획을 결정하는 표피들의 굽이침에 의해 결정되는 일련의 켜들로 나타나는 FOA의 요코하마 터미널이 가르치는 주요 레슨들 중의 하나일 수 있다. 어떤 경우들에, 종종 뫼비우스 띠로 야기되듯, 켜는 외부나 내부로 한정해 배정하기가 어렵다.

FOA, 요코하마 국제항만 터미널, 2002. 사토루 미시마, 내부 공간.

31 이 주제에 대해서는 George Liaropoulos-Legendre, *op. cit.*, pp. 0,13-0,15를 볼 것.

비센테 후알라르(Vicente Guallart), 데니아 캐슬 문화 공원, 스페인, 2003, 계획의 전경. 비센테 후알라르 협찬. 표피는 조경이다.

동일한 도전으로 종속되는 것은 건축적 대상물과 그것의 환경 사이, 건축과 대지, 건축과 조경 사이의 구분이다. 렌조 피아노가 디자인 한 베른의 파울 클레 미술관, 오딜 데크(Odile Decq)의 오스트리아 노이하우스의 리아우니히 컬렉션 미술관, 혹은 비센테 후알라르의 스페인 데니아 캐슬 문화 공원 같은 계획안들은 이런 경향의 좋은 재현들이다. 외부와 내부 사이의 구분의 흐림과 같이, 건물과 대지 사이의 부드러운 전이는 건축의 전통적 상태를 부식시킨다.

확실히, 이런 이분법적 구조들은 이전에 질문이 되었었다. 미스 반 데어 로에의 판스워스 주택 같은 절정으로써, 외부와 내부 사이의 경계의 흐림은 근대 건축에 의해 실험된 주제들 중의 하나였다. 모더니즘의 영역에 대한 야심은 또한 건물과 그것의 부지 사이의 대립을 질문하도록 이끌었다. 이런 종류의 질문은 특히 르 꼬르뷔제의 알지에를 위한 오뷔스 계획(Plan Obus) 같은 계획안들에서 명백하다. 그러나 건축 대상물의 통합은 거의 그런 식으로 도전되지 않았다. 판스워스 주택이나 르 꼬르뷔제의 알지에를 위한 굴곡진 고가 건물은 심지어 수퍼 오브제로 해석될 수도 있었다. 디지털 건축의 표피의 사용은 정적 존재에 대한 학문의 전통적인 핵심적 믿음에 대한 도전을 통해 한 발자국 더 초월해 나간다.

헤어조크와 드 뫼론, 워커 예술센터 확장, 미니애폴리스, 미네소타, 2005.

표피에 대한 최근의 접근에 의해 위험에 빠진 가장 근본적인 이분법적 구조는 아마도 객체와 주체의 명쾌한 대립일 것이다. 그런 관점에서 디지털 건축의 표피나 피부에 대한 접근은 우리를 감각, 혹은 오히려 영향과 그것들의 원인 사이의 간격을 메워주는 전체적 연속체로서 이해되는 감각기관에 의해 취해진 중요성으로 다시 돌려준다. 홈패이고, 새겨 넣어지고, 장식된 건축적 피부는 주체를 그것의 감각적 몸체가 어디서 끝나고 어디서부터 외부 현실이 진정으로 인계가 되는지 불명확하게 남겨둔 채 감각들에 즉각적으로 말을 한다.[32] 그러므로 건축적 존재는 디지털 대안적 기하학들의 이상한 형상들보다 더 방향감각이 없는 영향의 침투성으로 대체된다.

표피에 부여된 강조를 통해, 건축의

32 Andrew Payne, “Surfacing the New Sensorium”, in *Praxis. Journal of Writing+Building*, no. 9, 2007, pp. 5-13.

닐 데나리, 차단된 투영, 갤러리 도쿄, 1996. 후지츠카 미츠마사.

명료한 존재로 등장하곤 하는 것은 이제 그것의 어떤 한계들의 실험으로 대체된다. 많은 계획들에서 표피는 외부와 내부, 건물과 부지, 대상물과 주체 사이의 대립을 명확하게 하기 위해, 구속받지 않고 이끌게 될 분화 과정들을 시작하는 동시에 제한하려 하는 연산들에 종속된다. 완전히 성장한 존재는 부분적 창발에 의해 대체되고 있다.

이 많은 연산들은 접힘에 대한 변양태들로 설명될 수 있다. 들뢰즈의 독창적 분석은 다시 한 번 현대의 디자인 실습과 화음을 맞춘다. 접힘의 패러다임적 특징은 자신의 접힘들이 볼륨을 발생시키는 단일 표피에 기초한 계획안들의 증식을 설명할 수도 있다. 다양한 건축가들은 이런 가능성을 실험했다; 도쿄의 갤러리를 위한 닐 데나리(Neil Denari)의 차단된 투영 같은 계획안이나 로스앤젤레스의 버티컬 스무드하우스 같은 계획안, FOA의 런던 BBC 화이트 시티 계획안 같은 안들. 레저 아키텍처(Leeser Architecture)의 에센 촐베어라인(Zollverein) 디자인 학교, 혹은 베르나르 추미의 제네바 근교 바쉐론 콩스탕탱 신제조사 등은 그 주제의 변양태들로 나타날 수 있다. 그러나 많은 경우들에 구축 실현은 단지 단일 접힘 표피의 이미지만을 유지했다. 이것은 예를 들어 딜러 스코피디오 + 렌프로(Diller Scofidio + Renfro)의 보스턴 현대 미술협회 같은 경우로, 여기서 계획안은 건물의 배면 파사드를 활성화시키는 형태적 인용으로 환원되었다. "방법의 개념적 경제" 에도 불구하고, 그것은 닐 데나리에 따르면 종종 은유적으로 남는 디지털 디자인의 새로운 평면성을 재현한다.33 혁신적 표피 개념들의 이러한 은유적 특성에 대한 고려의 이유들 가운데에서 우리는 우리가 깊게 관찰한 형태적 실험들과 일상의 전문적 실습 조건들 사이의 영원한 간격을 발견한다. 표피에 부여된 강조가 건축가들이 에너지 요구 사항이나 프로그램적 불안정성을 다루는 방식 같은 실무적 질문들에 대처할 수 있도록 해 줄지라도, 많은 디지털 디자이너들에 의해 전시된 위상기하학적 복잡함에 대한 강박은 평범한 제약들과 조정되기 쉽지 않다. 우리는 같은 의미에서 디지털 건축의 발전을 특징지은 복잡성에 대한 요구가 지속될 것인지 궁금할 수도 있다. 우리가 이 장의 끝부분에서 보게 되겠지만, 디지털 미니멀리즘은 그들의 바로크 함축으로써 현재의 실험들의 뒤를 훌륭히 이을 것이다.

딜러 스코피디오 + 렌프로, 보스톤 현대 미술협회, 2006. 단일 접힘 표피에 대한 언급은 여기서 거의 순수히 은유적이다.

33 Neil M. Denari, *Gyroscopic Horizons* (New York: Princeton Architectural Press, 1999), p. 83.

## 활성화로부터 알고리즘까지

형태화 과정에 수반되는 질문들에 대처하기 위해 단순한 형태주의를 넘어서 가려는 시도들에도 불구하고, 주류적 디지털 건축은 전통적인 디자인 실습으로부터 아직 급진적으로 이동하지 않았다. 컴퓨터 보조 디자인에 대한 초기 연구로 야기된 기대들 (크리스토퍼 알렉산더의 패턴 이론에 의해 고무된 기획이나 조지 스타이니(George Stiny)의 형상문법적 접근 같은)과 반대로, 기계는 개념 과정 내의 진정한 파트너로서 보다는 주로 드로잉 도구로서만 사용되었다. 물론 도구는 그렇지 않았다면 여전히 디자이너의 직관에 완전히 의존하는 건축적 사고의 핵심에 남았을 많은 것들을 변화시켰다.

수많은 이론가와 실무자들이 오늘날 그들이 근본적인 한계로 보는 것을 극복하기 위한 필요성에 동의한다. 코스타스 테르치디스(Kostas Terzidis)는 우리의 논리가 컴퓨터의 깊게 비인간적인 과정들에 의해 오염되는 것을 허용함으로써 컴퓨터를 더욱 충분히 기동시키는 것이 가능하도록 해야 한다고 논의했다.[34] 그러한 개방은 건축을 직관과 알고리즘의 경계적 위치에서 더욱 모험적인 실습으로 변형시킬 것이다. 활성화에서 알고리즘으로: 테르치디스에게, 이 궤적은 건축적 사고를 불필요한 관습에 대한 집착의 경향으로부터 급진적으로 해방시키기 위한 조건을 재현한다. 실무적으로, 그가 요구하는 알고리즘적 건축을 향한 첫 단계로서, 테르치디스는 스크립팅의 더욱 체계적인 사용, 혹은 컴퓨터를 보편적 경계를 넘어서 사용하도록 추진

코스타스 테르치디스(Kostas Terzidis), 일련의 반복되는 프랙탈 기초의 복잡 형질들, 「알고리즘적 건축」, 2006. 코스타스 테르치디스

34 Kostas Terzidis, *Algorithmic Architecture.*

코스타스 테르치디스, 알고리즘적으로 운용된 변형, 2009. 코스타스 테르치디스. 알고리즘적 건축은 비의도적 형태-발견 과정들과 의도적 형태-발견 과정들 사이의 경계를 흐린다.

하기 위해 소프트웨어 응용을 제어하기 위한 프로그램 언어를 사용하는 것을 주장한다. 비록 컴퓨터 프로그래밍의 첫 번째 과정이 1980년대 후반과 1990년대 초에 하버드나 MIT 같은 몇몇 건축 학교들에서 도입되었을지라도, 스크립팅은 이제 오직 미리 결정된 소프트웨어 기능들에만 의존하는 대신, 코드를 쓸 수 있는 젊은 건축과 학생들과 건축가들의 점진적인 컴퓨터 능력에 의해 육성되어 단지 지난 몇 년 동안 발전되었다. 스크립팅은 디자인의 진화에 관한 새로운 지평을 열어준다: 그것은 심지어 아직 충분히 대답되지 않은 어떤 질문들마저 야기한다.

스크립팅에 의해 야기된 질문들 가운데에서 우리는 코드 쓰기를 평범한

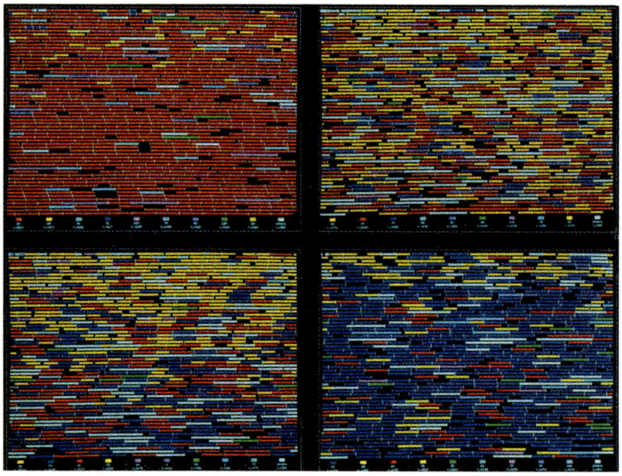

토머스 S. 레이, 티에라 합성생명 프로그램, 숙주와 기생체 사이의 진화적 경주를 보여주는 4가지 모습. 마크 시그너스.

공간 변형들과 구별해주는 간격을 발견한다. 문제는 실제적으로 본질에서 새로운 것이 없다는 것이다. 컴퓨터 코드 쓰기에 수반되는 질문들은 근대 계산 기술과 직관 사이의 지속적인 간격의 결과로 나타난다. 18세기 말에 계산은 종종 그 어떤 수행들의 직관적 내용의 결여로 인해 비판되었다. 동일한 간격이 20세기 초에 근대 과학의 현상학적 비판의 기초들 중의 하나를 형성했다. 그것은 각각의 단계와 각각의 수행들이 명쾌한 공간적 내용을 가지는 과정들에 항상 의존했던 건축에서 특히 문제가 된다.

과거 몇 년간 코드 쓰기와 인식될 수 있는 건축적 변형들 사이의 간격을 극복하기 위해 다양한 시도들이 만들어졌다. 벤자민 아란다와 크리스토퍼 라쉬의 나선화(spiraling), 다발화(packing), 엮기(weaving), 혼합하기(blending), 갈라지기(cracking), 무리화(flocking), 맞추기(tiling) 같은 의미 있는 알고리즘들을 확인하려는 제안이 그러한 경향에 속한다. 아란다와 라쉬의 눈에는 또한 알고리즘의 목표가 건축을 실제의 기초를 노출시키기 위한 불필요한 형태주의적 관습들로부터 해방하는 것, 즉 건축가의 선호가 그가 만나는 기하학들의 내재된 자질들과 변증적 방식으로 상호 작용하는 "형태화의 확장된 과정"이다.35

스크립팅에 의해 야기되는 또 다른 문제는 기존의 상업용 소프트웨어에 대한 의존이다. 자신들의 접근에서 가능한 한 포괄적으로 되려는 아란다와 라쉬의 야심에도 불구하고, 우리는 여전히 건축을 디자이너 마이크 실버(Mike Silver)가 요구하는 "하나의 특별한 소프트웨어에 기초한 형태의 하나의 특별한 개념" 으

35 Benjamin Aranda, Chris Lasch, *Tooling* (New York: Princeton Architectural Press, 2006), pp. 8-9.
36 Mike Silver, "Towards a Programming Culture in the Design Arts", in Mike Silver (ed.), "Programming Cultures: Art and Architecture in the Age of Software", *Architectural Design* (London: Wiley-Academy, 2006), pp. 5-11, 특히 p. 9.

로부터 자유롭게 하는 가능성과는 거리가 멀다.[36] 우리는 그러나 스크립팅이 건축가로 하여금, 심지어는 제한된 방식으로라도, 컴퓨터 코드의 블랙박스 속으로 들어가도록 강제하는 만큼 해방을 향한 첫 단계를 재현한다고 논의할 수도 있다.

인간 정신에 이질적인 과정들을 기동시키려는 가능성인 "다름"(otherness)은 대부분의 알고리즘적 접근에서 근본적인 역할을 한다. 기계가 테르치디스의 경우에 "다른 것"으로 나타난다면, 기하학의 동역학적 법칙은 아란다와 라쉬에게 그러한 역할을 한다. "다름"은 전산과 건축에 바쳐지는 많은 현대의 발간물들의 키워드인 창발의 동역학적 자질에 뿌리를 둔다.[37] 이 발간물들에서 창발은 일반적으로 명백한 무작위성의 초기 상태로부터 야기되기 위한 인식 가능한 질서의 능력으로 정의된다. 창발은 자연으로부터 컴퓨터 계산에 이르기까지 모든 곳에서 작동하는 듯이 보인다.

알고리즘적 건축의 지지자들은 일반적으로 전산화가 많은 자연적 과정들을 모방할 수 있다고 믿는다. 2차 세계대전 말경에 존 폰 노이만에 의해 시작된 세포 자동차에 관한 연구는 이러한 믿음에 어떤 보조를 해준다.[38] 세포 자동차들은 각각이 자신들의 이웃의 수치들에 기초해 업데이트되는 한정된 수의 단계들 내에 있는 세포들의 정형화된 그리드들의 추상적 모델이다. 그것들은 살아있는 유기체와 놀랄 정도로 유사한 방식의 행태를 보여줄 수 있다. 의미심장하게, 수학자 존 호튼 콘웨이(John Horton Conway)에 의해 1970년경에 쓰인 그런 종류의 독창적 프로그램들 중의 하나는 "생명의 게임"(The Game of Life)이라고 불렸다. 세포 자동차와 같은 법칙을 따르며, 많은 자연적 과정들은 컴퓨터가 탐구할 수 있는 상대적으로 단순한

크리스타 조머러(Christa Sommerer)와 로랑 미뇽느외(Laurent Mignonneau), 상호작용적 식물 성장, 1992, 크리스타 조머러와 로랑 미뇽느외.

37 For instance Michael Hensel, Achim Menges, Michael Weinstock (eds.), "Emergence: Morphogenetic Design Strategies", *Architectural Design* (London: Wiley-Academy, 2004), Michael Hensel, Achim Menges, Michael Weinstock (eds.), "Techniques and Technologies in Morphogenetic Design", *Architectural Design* (London: Wiley-Academy, 2006).
38 See Ingeborg Rocker, "When Code Matters", in Mike Silver (ed.), *op. cit.*, pp. 16-25.

칼 추(Karl Chu), ca_e. 리버 계획. 칼 추. 유전자적 법칙을 따르는 건축을 위한 질문의 상징.

법칙들에 의존하는 듯이 보인다. 1990년대 초에 생태학자 토머스 레이(Thomas Ray)가 쓴 티에라 합성생명 프로그램(Tierra Synthetic Life Program)은 예를 들어 강조된 평형의 동역학이나 숙주-기생 공진화 같은 과정들을 시뮬레이션 한다.

DNA 조합으로부터 식물들의 성장에 이르기까지, 1968년에 촘스키의 문법을 이용해 이론 생물학자이자 식물학자인 아스트리드 린덴마이어(Astrid Lindenmayer)에 의해 매우 성공적으로 모델화됨으로써, 자연은 거대한 컴퓨터 시스템으로 나타날 수도 있다. 우리가 이런 비전을 심각하게 취한다면, 다이어그래밍은 우리가 창발의 현상 내에서 작동하는 더 깊은 논리에 따라 형상을 취하도록 하며 형태를 주조한다는 것을 보장하기에 더 이상 충분하지 않다. 나노 기술의 발전에 의해 열린 새로운 원근은 형태와 다이어그램을 넘어서 가려는 이 야망을 보조하려 한다. 이제 그것 속에서 많은 자들이 디자인의 떠오르는 경계를 보고 있는 나노 구축은 결국 전산의 형태를 재현한다.[39] 전산과 물질성은 이제 매크로–에서 마이크로–와 나노 스케일에 이르기까지 모든 수준에서 분리될 수 없는 듯이 보인다.

39 예를 들어 Ted Sargent, "Nanotechnology: Design in the Quantum Vernacular", in Paola Antonelli (ed.), *Design and the Elastic Mind* (New York: Museum of Modern Art, 2008), pp. 80-86.

예술이 알고리즘에 의해 제공되는 가능성들을 기동시킨 것이 이미 10년에서 15년 된 반면–크리스타 조머러(Christa Sommerer)와 로랑 미뇽느의(Laurent Mignonneau)의 1992년 상호작용적 식물성장 같은 계획이 입증하듯–,[40] 건축에서는 그 실험이 이제 막 시작되고 있다. 지금까지도 알고리즘적 건축은 대부분 이론적 논쟁과 교육적 실습 내에서만 존재한다. 마르코스 노박(Marcos Novak)이나 칼 추(Karl Chu)와 같은 가장 열정적인 주장자들 중의 어떤 이들은 그럼에도 불구하고 그것이 지배적으로 될 것이라고 확신한다. 노박과 추에게 "다름"은 기계의 입력이나 기하학의 선천적 논리를 넘어서 멀리 나아간다. 디자인에서의 가상현실과 발생적 전산의 선구자인 마르코스 노박은 예를 들어 매개 변수적 변양태와 네오- 혹은 오히려 그 자신의 용어를 사용하자면 그에게 극단적으로 다른 것을 의미하는 "allo"를 사용한 "다른-생물적"(allo-biological) 영감 등에 기초한 학문의 현재적 상태와의 급진적 이별을 재현하며, "트랜스건축"의 창발을 요구한다.[41] 유전자 영감적 알고리즘의 가장 목소리 높이는 확실한 주장자들 중의 하나인 칼 추에게 물질성과 전산 사이의 밀접한 연결은 "지금까지 휴머니티의 문화적 조경이었던 것의 모든 면으로 증식하는 종들의 생체 기계적 돌연변이"의 전망과 동의어이다. 동일한 의미에서 추는 "자신의 독자적 자율성과 삶의 의지를 가지는 외래종 건축(xenoarchitecture)", 달리 말해 단순히 활성화되는 건축이라기보다는 하나의 생명체의 부상을 공표한다.[42] 노박과 추 외에도 2006년의 게놈–Gen(H)ome 전시와 카탈로그에 대한 다양한 기여들은 생명체의 메커니즘을

프레스톤 스콧 코엔, 텔아비브 미술관, 광장으로부터의 컴퓨터 뷰. 프레스톤 스콧 코엔.

40 Christiane Paul, *Digital Art* (London: Thames & Hudson, 2003).
41 Marcos Novak, "Eversion. Brushing against Avatars, Aliens and Angels", in *Architectural Design*, vol. 69, nos. 9-10, 1999, pp. 72-76
42 Karl Chu, "Metaphysics of Genetic Architecture and Computation", in Mike Silver (ed.), *op. cit.*, pp. 38-45, p. 40, 42.

성공적으로 건축에 이항시키려는 가능성에 기초한 이런 비전을 공유한다.43

그러한 비전은 확실히 모든 사람들의 취향은 아닌 그것에 대해 프랑켄슈타인적 풍미를 가진다. 노박의 "다른 생물적" 과정과 추의 "생체 기계적" 과정들은 메리 셸리(Mary Shelley)적 특성의 실험들에 의해 촉발된 위험들을 연상시키는 위험성의 감각을 전달한다. 그들은 나타나더라도 과장됨으로써 알고리즘적 접근에 침투하는 생명체를 모방하려는 욕구를 상징한다. 이 욕구는 곧 이어 현대의 물질성이 많은 면에서 생명력이 있다는 사실, 즉 결코 전산과 모순된다고는 인식되지 않는 생명 지향적이라는 사실을 암시한다.

## 복잡함인가, 혹은 미니멀리스트적 엘레강스인가?

알고리즘적 건축이 아직 진정으로 도전하지 않은 것은 컴퓨터 소프트웨어의 강도 높은 사용과 결합된 기하학의 복잡성이다. 파트릭 슈마허(Patrik Schumacher)가 다음에 올 양식으로 표현함으로써, 스크립팅의 기여를 통합할 것으로 예상되는 양식인 "매개변수주의"는 그렉 린이 "건축에서의 접힘" 에서 이론화 했었던, 대조되는 부분들 사이의 부드러운 전이의 법칙들의 확장으로 나타난다.

미보다도 오히려, 엘레강스(elegance)는 자하 하디드의 아부 다비 행위예술 센터나 프레스톤 스콧 코엔의 텔아비브 미술관 같은 계획들에서 작동되는 이음매 없는 복잡성의 새로운 미학을 특징짓기 위해 오늘날 자주 사용되는 용어들 중의 하나이다. 「아키텍처럴 디자인」의 원조적 이슈의 편집자들인 알리 라힘(Ali Rahim)과 히나 자멜(Hina Jamelle)은 엘레강스를 "구별되지만 그럼에도 그것들이 다른 것으로 변형시키듯이 상호 작용하며 남아 있는 한 집단의 형태적 양상들의 창조를 통해" 얻는 자질로 정의한다. 그들은 "엘레강스한 구성에서 각각의 양상은 차이들을 부여받고, 양상들 사이의 변형은 희석되고 완만해진다. 양상들 사이의 변형들은 변형과 조화되어 조절된 표면에 의해 중재된다."44고 덧붙인다. 달리

43 Peter Noever and Open Source Architecture (eds.), *The Gen(H)ome Project* (Los Angeles: MAK Center for Art and Architecture, 2006).

44 Ali Rahim, Hina Jamelle, "Introduction", in Ali Rahim, Hina Jamelle (eds.), "Elegance", *Architectural Design* (London: Wiley-Academy, 2007), pp. 6-9, 특히 p. 9.

말하자면, 엘레강스는 근대 건축의 경우에서 그랬던 독립된 하부 부분들 속으로의 분해에 반대되듯이, 차이들의 이치에 맞는 통합에 관한 것이다. 슈마허가 말하듯, 첨가 보다는 굴곡이 부분들과 전체 사이의 관계를 지배한다.

미에 대한 전통적 추구를 엘레강스의 추구로 대체하는 것은 건축을 무엇보다 예술에 연관시키는 오래된 전통에 반대되게, 디자인으로 하여금 자신을 더욱 더 자주 예술적 영역 바깥에서 주장하도록 이끌었던 전이와 연관된다. 샌포드 퀀터(Sanford Kwinter), 그리고 더욱 최근엔 브루노 라투르(Bruno Latour)가 논의했듯이, 디자인, 특히 건축 디자인은 더 이상 자신을 순수한 예술적 가치에 종속시키지 않는다.[45] 한편으로는 도시계획과의 연관을 재확인하고, 또 한편으로는 산업디자인과의 관계를, 그리고 문화와의 관계에 의해 폭넓게 점유되고 자신의 보자르와의 대화에 더 이상 우선권을 부여하지 않은 채, 건축은 자신을 수행적 학문–우리는 이제 곧 그러한 특징으로 다시 돌아 갈 것이다–, 즉 자신의 산물들이 미만큼 효율성과도 관계되는 기준을 따라 판단되어야 하는 학문으로 본다. 이러한 원근 속에서, 엘레강스는 미학적 관심과 효율성의 기준의 혼합으로 나타난다.

알리 라힘과 패트릭 슈마허에 의해 옹호되는 간결함의 풍부한 형태의 우위에도 불구하고, 우리는 자신에게 그러한 부드러운 복잡성이 마지막 결정판을 재현하는지 물을 수도 있다. 야망이 현대 세계의 영역과 장들과 깊게 조화를 이루게 될 때, 그것은 건축 형태들이 자신들의 복잡함들을 재현하며 나아가야 한다는 것을 의미하는가? 그 질문은 디지털 연구자이자 디자이너인 카를로 라티(Carlo Ratti)가 2006년 봄 MIT에서 열린 전시회에서 야기했다.[46] 그의 논의를 보조하며, 건축 역사는 역동적 환경에 대한 적응의 다른 유형들이 운동에 대한 의태적 반응들보다 가능하다는 것을 보여준다.

예를 들어 18세기 말엽에 프랑스 건축가 에티엔-루이 불레(Étienne-Louis Boullée)와 클로드-니콜라 르두(Claude-Nicolas Ledoux)의 소위 "혁명적" 산물은 물리적, 경제적 흐름들에 점점 의존하는 맥락에 대한 대답으로 의미되었다. 불레와

45 Sanford Kwinter, *op. cit.*, Bruno Latour, "A Cautious Prometheus? A Few Steps Toward a Philosophy of Design", keynote lecture for the *Networks of Design* meeting of the Design History Society, Falmouth, Cornwall, 2008년 9월 3일.
46 "Digital-minimal: Digital Future of Architecture and Planning", 2006년 봄.

산타 마리아 마달레나 교회, 로마, 1699.

르두의 건축은 이 새로운 맥락에 대처하기 위해 열망되었지만, 그것은, 바로크와의 완벽한 대조 속에서, 자신들의 우회적 궤적들 속에서 자신을 주조하기 보다는 흐름들의 효과를 부식시키는 것에 저항하는 것으로써 그렇게 했다. 결과는 자신들을 둘러싸는 순환의 복잡한 패턴들과 대조되게, 육면체와 구체 같은 단순한 볼륨들에 기초한, 의도적으로 안정되게 보이는 기하학이었다.[47] 순환과 네트워크에 대한 종속적 적응 대신 이러한 저항에 더해서, 불레와 르두의 건축의 또 다른 목적은 개인들이 자신들의 삶의 의미를 반영하는 것을 가능하게 해주는 공간들을 제공하기 위해, 불필요한 불안감으로부터 피난처를 제공하는 것이었다. 결국 18세기 말의 건축은 두 가지 수준에서 인간적 삶에 대한 자신의 기여를 보았다: 모든 종류의 교환을 가능하게 하는 것을 의도한 물리적 수준, 그리고 후자의

47 예를 들어 Georges Teyssot, Emil Kaufmann의 프랑스어본, *Trois Architectes Révolutionnaires: Boullée, Ledoux, Lequeu*의 서론 (Paris: Editions de la SADG, 1978) pp. 12-31, Antoine Picon, *French Architects and Engineers in the Age of the Enlightenment* (Marseilles: 1988, 영역본 Cambridge: Cambridge University Press, 1992)등을 볼 것.

반대급부로 여겨지는 도덕적인 수준. 건축은 효율성에 연동되어 개인과 사회적 반영을 추진하며, 유용하고 교육적인 것 모두로 가정되었다.

유사한 경향에서, 우리는 디지털 시대에 여전히 재발명을 기다리고 있는 건축의 역할들 중의 하나가 우리의 삶을 구축하는 정보의 보이지 않는 흐름들에 대한 너무 많은 노출로부터의 보호 속에 존재하지 않는지를 의심할 수도 있다. 우리는 무선 신호가 사라지고, 휴대폰과 컴퓨터들이 속세의 업무와 관심들로부터 우리를 더 이상 잡아매지 않을 때, 펼쳐지는 이상한 평화로 인해 어쩔 수 없이 타격을 받을 수밖에 없다. 만약 건축의 가능한 역할들 중의 하나가 실제적으로 우리를 디지털 세계의 요란한 소란을 모방하는 대신 그것으로부터 보호하려는 것이라면? 그때는 다른 종류의 엘레강스가 가능하게 될 수 있다, 즉 과장 보다는 사려 분별한 신중함에 기초하고, 매너리즘이나 바로크적 복잡함 보다는 미니멀리즘에 기초한 엘레강스 말이다. 지속 가능성의 추구에 연결된 새로운 요구

클로드-니콜라 르두, 루에 강의 자원 감시관을 위한 주택, *L'Architecture Concideree Sous le Rapport de l'Art, des Moeurs et de la Legislation*, 1804 인용. 운동에 대한 일반적 관심에도 불구하고 바로크 굴곡성과 르두 볼륨의 직선성 사이에서 대조는 더 강하게 될 수 없었다.

프레스톤 스콧 코엔, 텔아비브 미술관, 중앙 램프의 컴퓨터 뷰. 프레스톤 스콧 코엔.

들이 또한 그 방향 속에서 압력을 가하고 있다.

미니멀리스트와 바로크적 특성 사이의 대조는 그럼에도 불구하고 단순하고 복잡한 부분들의 철저한 분절에 의해 극복될 수도 있다. 결국 바로크는 결코 단지 풍부함에 관한 것만은 아니었다. 베르니니나 보로미니 같은 그것의 거장들은 어떻게 복잡한 시퀀스와 단순함의 순간을 교대시킬 것인지를 알았다. 오늘날 자주 결여되는 것은 아마도 이런 능력이며, 그러므로 엘레강스를 단순한 복잡함, 즉 경제적 제약이 예외적 의뢰로 제한시키는 복잡함으로 환원시키는 것이다. 프레스톤 스콧 코엔의 텔아비브 미술관은 곧바로 전시실들로 연결해주는 극도로 세련된 중앙 램프로 이런 외관의 납득할 만한 도해를 제공해준다. 단순함과 복잡함의 중재, 디지털 스프롤(불규칙 확장)에 대한 개방, 그것의 소외적 양상들로부터의 보호 등은 건축의 가장 급박한 업무들 중의 하나를 훌륭히 재현할 수 있다.

## 디지털 시대 주체성, 수행과 의미

엘레강스 외에도 영향(affect)은 디지털 디자이너의 글들에서 또 다른 키워드로 나타난다. 대부분의 시대에 느슨하게 정의되고, 종종 들뢰즈의 언급에서 나오지만, 더 이상의 명쾌함이 없이 영향은 주체와 객체 사이의 관계의 중요한 이슈에 연관된다. 그것은 둘 사이의 깊은 상호 의존, 즉 그들의 명확한 분리라는 전통적 개념에 도전하는 상호 의존의 개념을 전달한다.

객체와 주체 사이의 분리를 질문하는 것은 아마도 자신의 의제를 이론화하려는 디지털 건축의 시도의 가장 변함없는 양상들 중의 하나를 재현한다. 엘레강스한 디지털 디자인의 부드러운 연속성은 이음매 없는 전이에 관한 더욱 일반적 관심의 표현이다. 자신들의 절충적 특성을 넘어서서, 근본적인 개념적 차이들을 인식 못하며, 질 들뢰즈나 브루노 라투르, 그리고 더욱 최근에는 페터 슬

로터다익(Peter Sloterdijk) 같은 철학자들로부터 빌려 와 자신들의 글에 쓴 디지털 디자이너들의 인용들은 자신의 주변으로부터 고립될 수 없으며, 오히려 그것과의 연속성 속에서 나타나는 주체의 직관에 대한 관련 속에서 자신들의 완전한 의미를 취한다. 연속성의 전형적인 사상가, 들뢰즈는 그러한 문제를 피하기 어렵다. 라투르는 인간의 존재가 자신의 육체의 엄격한 경계 내에서 보다는 그를 세계에 연관시키는 다중의 중재들 속에서 그만큼 펼쳐진다는 것을 상기시켜준다는 점에서 중요하다.[48] 페터 슬로터다익의 비전은 동일한 방향에서 소위 어느 정도 육체의 외부에 위치하는 존재의 모드로까지 나아간다.[49] 비록 이런 유형의 철학적 담론에 대해 상대적으로 영향을 받지 않지만, 윌리엄 미첼(William Mitchell)은 그럼에도 불구하고 전자적 도구들을 통해 신경계의 부분적 전이를 야기한 그의 책 「나++: 사이보그적 존재와 네트워크화된 도시 *Me++: The Cyborg Self and the Networked City*」에서 이상할 정도로 유사한 경로를 따른다.[50]

그것들의 수렴은 실제적으로 그것들의 시작만큼 놀랍지는 않다. 들뢰즈와 라투르, 혹은 슬로터다익과 미첼 같은 이론가들에 영향을 받은 디자이너들은 특히 소통과 중재에 대한 강조에 의해, 그리고 사이버네틱스의 유산에 의해 침투된 영역에서 만난다. 이런 강조는 냉전의 사이보그적 조망의 통합적 부분이었다. 인간과 기계 사이의 더 나은 연결에 대한 연구를 넘어서서, 그것은 미첼의 주요 인용들로 나타난, 1973년에 출판된 중요한 책 「정신의 생태학으로의 단계들 *Steps to an Ecology of mind*」의 작가인 사이버네틱스적 인류학자인 그레고리 베이트슨(Gregory Bateson)을 고무시켰다. 이 연구는 인간 내부의 전통적 개념과 급격히 다른 개인성의 질문에 대한 접근을 보여준다. 베이트슨에게 개인은 자신의 환경과 정보를 교환하도록 가능하게 해주는 소통의 다중적 채널을 통해 자신의 신체의 한계를 넘어서 나타난다. 사이버네틱스에 대한 자신들의 연관을 필연적으로 인식하지 않은 채, 구조주의와 포스트구조주의 철학자들은 종종 심리학적 내부에 관한 소통과 중재를 선호하는 만큼 인간의 어느 정도 유사한 비전을 발전시켰다.[51]

48 Bruno Latour, *We Have Never Been Modern* (Paris: 1991, 영역본 Cambridge, Massachusetts: Harvard University Press, 1993).
49 Peter Sloterdijk, *Bulles: Sphères 1* (Frankfurt: 1998, 불역본 Paris: Hachette, 2003).
50 William J. Mitchell, Me++: *The Cyborg Self and the Networked City* (Cambridge, Massachusetts: MIT Press, 2003).
51 Katherine N. Hayles, *How We Became Posthuman: Virtual Bodies in Cybernetics, Literature, and Informatics* (Chicago: University of Chicago Press, 1999), Céline Lafontaine, *L'Empire Cybernétique. Des Machines à Penser à la Pensée Machine* (Paris: Le Seuil, 2004).

디지털 시대의 정체성은 공간적이며 중재되고 분배되어 나타나는 것으로, 자신의 맥락으로부터 급격히 분리하는 것을 어렵게 만드는 모든 특징들이다. 건축적 욕망은 주체와 객체 사이의 피드백 순환 고리로 가정됨으로써 이런 원근 속에서 이해될 것이다. 주체에 관해 건축에 대한 노출의 결과로, 하나의 방향으로만 나아가는 효과의 전통적 개념을 넘어서서, 욕망은 형태화의 동역학이 주체와 객체 모두를 동시에 고려하도록 가정되는 과정을 상호적으로 형상화하는 것을 가리킨다.[52]

펼쳐짐과 유사한 이 상호적으로 형상화하는 과정 내에서, 감각—종종 표피에 의해 전달되는 감각—은 본질적 역할을 한다. 정체성과 마찬가지로, 감각은 인식을 하는 신체와 인식되는 건축 형태 사이의 간격을 메우고 분배되는 것으로 해석될 수 있다. 감각이 더 밀접하게 신체와 결합되어 남아 있을수록, 그것은 그

스텔락, "분열된 신체: 볼타지-인/볼타지-아웃", 갤러리 카펠리카, 류블리아나, 1996. 사진: 이고르 안젤릭. 호주의 예술가 스텔락의 행위는 개인과 그의 환경 사이의 한계에 대한 현대적 흐름을 도해하는 듯이 보인다.

52 Ali Rahim, *Catalytic Formations: Architecture and Digital Design* (London, New York: Taylor & Francis, 2006), p. 136.

것을 제어하기를 원할 수도 있는 자들에게 더욱 불투명하게 나타난다. 역으로 감각이 건축을 감싸는 두 번째의 피부와 같이 될 때, 그것은 더욱 미리 알 수 있거나, 혹은 적어도 디자이너와 그의 클라이언트의 목표들에 상응될 수 있는 듯이 보인다. 그러므로 분배된 정체성과 그것의 확장된 감각은 디지털 시대의 주체성을 특징짓는 예견 불능성과 예견 가능성 사이의 양극성에 직접적인 관계를 가진다. 그것은 또한 개인 홈페이지나 블로그 같은 자기-서술에 가까운 실습을 통한 그것의 재구축의 원근과 마찬가지로 자신의 가능한 단편화와의 명백한 연결을 가진다. 그것을 시도하는 또 다른 방식은 현대적 주체를 본질적으로 다중적인 것, 즉 구축과 유사한 과정을 통해 항상 일시적이고 때로는 불안정한 정체성을 낳는 다중성으로 보는 것이다. 디지털 건축의 궁극적 야심은 욕망이 부여된 공간들의 디자인을 통해 이런 구축 과정에 매우 잘 기여할 수 있다.

그 단계에서 현대의 신경 과학에서 지배적인 은유로 된 것이 어떻게 연상되지 않을 수 있겠는가: 분배된 네트워크로서의 두뇌, 인터넷과 유사한 두뇌? 진정하게 공간적으로 분배된 정체성의 가능성을 이해하는 데에 그러한 은유보다 더 나은 방식은 아마도 없을 것이다. 미국의 소설가 리처드 파워스(Richard Powers)는 자신의 책들 중 하나에서 그것을 스토리의 주요 가닥들 중의 하나로 사용한다. 정신적 무질서의 불가해한 경우와 직면하여, 그 소설의 주인공들 중의 하나인 심리학자 웨버(Weber)는 과학이 두뇌를 이해하는 방식에 따라 명상을 수행한다.

"그는 효과적 방식을 알았다: 역사를 통틀어 두뇌는 기술의 최고의 지배적 수준에 비교되어 왔다: 증기 기관, 전화 교환대, 컴퓨터. 이제, 웨버가 자신의 전문적 정점에 접근했듯이, 두뇌는 다른 모듈들과의 부딪침을 상호적으로 수정하며, 대략 200개 이상의 모듈을 가지는, 하나의 분배된 네트워크인 인터넷으로 되었다." 심지어는 주체의 전문가에게 조차 그런 비전이 얼마나 혼란스럽게 나타날 수 있는지를 인식하며, 파워스는 계속한다: "웨버의 뒤엉킨 하부 시스템들 중의 어떤 것들은 그 모델을 샀다: 다른 것들은 더 이상을 원했다. 이제 모듈러 이론이 대부분의 두뇌 사고에 대해 우위를 획득했으므로, 웨버는 자신의 기원으로 표류해 돌아갔다. 자신의 지적 발전의 마지막 단계로 확실히 될 것 속에서, 그는 이제 최후의 견고한 신경과학 속에서 오랜 깊이의 심리학과 같이 보이는 과정들을 발견하길 희망했다: 억압, 승화, 부정, 전이. 그것들을 모듈 위의 어떤 수준에서 발견하라."[53]

의미의 거부에도 불구하고, 디지털 건축은 개인들이 응집력 있는 정체성을 재구축하는 것을 도우며, 일상적 삶의 감각을 만들 수 있는 기본들을 재발명하기를 비슷하게 갈망할 수도 있다. 오늘날 우리가 이전 장에서 야기했던 "사이보그를 위한 주택" 질문의 진정한 의도는 증대된 개인과 그들의 건축 환경들 사이의 연속성을 보장할 수 있는 기술적 고안과 시스템들에 관한 것이지만은 않다: 그것은 사이보그가 전통적 방식으로 주택에서 어떻게 느낄 수 있고, 그들의 사용을 위해 디자인된 공간들에서 어떻게 느낄 수 있는가에 관한 것이다.

욕망에 주어진 중요성은 또한 더 넓은 틀에서 근본적으로 능동적인 건축에 관한 것으로 대체될 수 있다. 능동성에 관한 새로운 관심은 다양한 수준에서 추적될 수 있다. 기술적 관점에서, 최근의 진화는 정적 지표들을 동역학적 수행 기준으로 대체하는 것을 지적한다. 건물의 생태학적 특성은 단지 동역학적 관점에서만 이해될 수 있다. 녹색으로 되는 것은 수동적 속성이 아니다; 그것은 지속된 행위의 결과이다. 비슷하게, 건축적 영향은 단 한 번에 주어지는 것이 아니라 주체와 객체 사이의 지속적인 상호 작용을 통해 만들어진다. 이 다양한 이동들은 일단의 이론가와 실무자들이 현대 건축을 수행적인 것으로 특징짓도록 이끌었다.[54]

수행적 건축에 바쳐지는 집합적 볼륨들 중의 하나에 대한 계몽적 기여 속에서, 이론가인 데이비드 레더배로우(David Leatherbarrow)는 사건을 발생시키는 건축의 능력이 그것의 핵심에 있다고 언급했다.[55] 그러나 레더배로우는 그러한 능

53 Richard Powers, *The Echo Maker* (New York: Picador, 2006), p. 190.
54 Branko Kolarevic, Ali M. Malkawi (eds.), *Performative Architecture: Beyond Instrumentality* (New York, London: Spon Press, 2005), Yasha Grobman, Eran Neuman (eds.), *Performalism: Form and Performance in Digital Architecture* (Tel Aviv: Tel Aviv Museum of Art, 2008).
55 David Leatherbarrow, "Architecture's Unscripted Performance", in Branko Kolarevic, Ali M. Malkawi (eds.), *op. cit.*, pp. 7-19, 특히 p. 10.

NOX/라스 스파우브룩, D-타워, 야경, 2004. NOX/라스 스파우브룩 협찬.

력이 디지털 기술에 의해 어떻게 막대하게 고양되었는지를 인식하는데 실패한다. 전에 언급되었듯이, 컴퓨터의 실험에 의해, 기하학적 흐름의 순간, 혹은 어떤 지점에서 그것을 멈추기 위한 선택의 결과로서, 형태는 발생, 혹은 사건과 전적으로 동일하게 되었다.

디지털 문화와 사건들 사이의 관계는 더 깊은 수준에 뿌리를 두고 있다. 프랑스 철학자 피에르 레비(Pierre Lévy)가 선구적 에세이 「우주 기계 *La Machine Univers*」에서 언급했듯이, 한 조각의 정보는 단지 하나의 발생, 원자적 사건에 다름 아니다.[56] 그것은 전통적인 존재론적 범주를 따르는 어떤 것이라기보다는 발생하는 어떤 것에 부합한다. 더 넓은 스케일에서, 컴퓨터 스크린에서 보일 수 있는 것에 대해 동일한 것이 진실이다. 디자이너 보다는 물론 금융시장에서 일하는 자들에게, 이 일시적인, 컴퓨터에서 보는 것의 사건과 같은 구조가 더욱 명백하다. 최신의 디지털 장비를 사용하며, 증권업자가 다루는 것들은 연속적으로 사소한 충돌과 대규모의 공격이 있는 전쟁터에 비교될 만한 치열한 시장들의 상황이다.

시작부터 디지털 문화는 사건들을 보려 했다. 컴퓨터 네트워크 기술들의 최초의 주요 응용들 중의 하나인 북미 미사일 방어 시스템인 SAGE가 조작자들에게 핵 공격 같은 상황들을 보도록 허용하려 했다는 것을 기억하는 것은 의미가 있다. 초기의 디지털 문화와 냉전 사이의 폭넓은 묵인은 그것들 모두가 사건들에 부여한 역할과 그것들의 시나리오 속으로의 가능한 통합들과 관계가 있었다. 우리가 보았듯이, 냉전적 원근 속에서 컴퓨터 스크린은 군사 작전실의 통합적 부분이었다.

발생되는 어떤 것으로서, 건축적 형태는 또한 현대의 디자인 과정이 둘러싸이는 이론적으로 무제한적인 가능성들로부터의 하나의 출현으로 이해될 수 있다. 우리는 그것을 심지어 가능성들의 바다에 관한 하나의 관점을 제공하는 장력의 순간에 비교할 수도 있다. 그것의 발생으로 이끄는 조건들이 끝없는 잠재

56 Pierre Lévy, *La Machine Univers: Création, Cognition et Culture Informatique* (Paris: La Découverte, 1987), p. 124.

력과 다양성들에 관한 것인 반면, 형태는 일단 결정되면 모든 것이 효과와 효율성에 관한 것으로 된다. 잠재성이나 가상성, 그리고 효율성 사이의 이 이중성은 디지털 디자인에 대한 두 가지 담론들의 어느 정도 혼란스런 공존의 원인이 될 수도 있다. 첫 번째는 시뮬레이션과 시나리오 같은 개념들에 의해 지배되는 세계 속으로의 참여에 관한 것이다; 두 번째는 환경적 지속 가능성에 결합되는 기술적 기준으로부터 감각적, 감성적 영향들에 이르는 영역들 내에서 건축이 무엇을 얻을 수 있으며, 혹은 수행할 수 있는 가에 관한 것이다.

1950년대와 1960년대의 일련의 예술적, 건축적 실험들의 먼 후계자, 세드릭 프라이스의 펀 팰리스57 같은 계획들에 적합한 수행들로부터, 수행적 접근은 의미의 질문을 내걸려는 시도로 인해 더 보강된다. 오늘날의 건축은 더 이상 그 존재에 의해 만들어진 영향들로부터 구분되는 메시지를 전달할 것으로 기대되지 않는다. 하나의 사건으로서, 건축 형태는 그것이 얻을 수 있는 것 내에서 궁극적 정당성을 발견할 것으로 기대된다. 건축에는 궁극적으로 눈과 마주치는 것보다 더 이상의 것이 없다는 개념에서, 표피에 대한 강조는 동일한 방향으로 나아간다.

그런 관점에서 가장 상징적인 계획들 중의 하나는 아마도 라스 스파우브룩(Lars Spuybroek)의 D-타워일 것이다. 타워 자체는 아무 의미가 없다. 그것이 하는 것은 단지 웹상에서 매일의 질문에 답을 하는 네덜란드 마을의 거주인들의 기분에 따라 색채를 변화시키는 수행이다. 우리는 수행이 모더니스트의 기능의 충족을 넘어서 가는 것에 주목해야 한다. 스파우브룩의 타워는 계획이 그것의 발전을 지향하는 것 외부의 어떤 전통적 감각에서는 어떤 의미도, 기능도 가지지 않는다. 그것은 단순히 그것이 하는 것만을 한다. 그러한 태도는 기능이 형태의 발전에 부분적으로 외적으로 남는 대신 건축에 완전히 흡수되는 일종의 초기능주의(super-functionalism)의 결과로 해석되거나, 혹은 반대의 방향에서 만들어진 단계의 결과로 해석될 수 있다: 관습적인 기능적 요구사항들에 대한 전체적 무관

57 Mary Louise Lobsinger, op. cit., Sylvia Lavin, "Performing the Contemporary, Towards an Even Newer Architecture", in Yasha Grobman, Eran Neuman (eds.), *op.cit.*, pp. 23-29.

M(Pi)바, 2007.
R&Sie(n) 협찬.
현대 건축의 수행주의에 대한 약간 아이러닉한 시도.

심의 결과.

더욱 멀고 아이러닉한 모드에서 동일하게 재현적인 것은 MIT에서 소변을 차로 바꾸어주는 파빌리온인 프랑수아 로쉬(François Roche)의 M(Pi)바 계획안이다. 아이 엠 페이(I.M. Pei)의 비스너(Wiesner) 빌딩 벽체로부터 그대로 솟아오른 이 계획안보다 건축 형태와 사건 사이의 연결을 더 잘 도해한 것은 아마 없을 것이다. D-타워보다도 더욱 M(Pi)바는 전통적 감각에서의 의미나 기능을 전혀 고려하지 않고 자신의 목표를 달성할 것이다.

우리는 물론 누가 하는 것을 하는 것이 건축에서 충분한지를 의심할 수도 있다. 바로크 표현이 멀지 않은 미래에 퇴색할 수 있는 것과 마찬가지로, 보이지 않는 전자 영역의 복잡성을 흉내 내는 동결된 파도에 대한 열정을 일단 다 소모하면, 순수한 수행주의는 의미와 기능에 대한 새로운 관심 같은 어떤 것에 의해 궁극적으로는 경감될 수 있을 것이다. 물론 건축적 의미는 포스트모더니즘에 의해 함축된 순진한 상징주의를 넘어서 가도록 재정의되어야 한다. 이런 재정의는 또한 디지털 문화의 부상과 결합된 새로운 물질성 같은 떠오르는 차원들과 양립 가능해야 한다. 그것에서 기능은 지속 가능성에 의해 제공된 새로운 틀 속에서 재발명될 수 있다. 다시 한 번, 오늘날 더욱 더 확실히 문제가 되는 듯이 보이는 것은 건축의 어떤 지속적인 본질들의 결정적 포기가 아니라 재해석이다.

# 텍토닉으로부터
# 장식으로:
# 다른 물질성을
# 향하여

## 조경으로서의 현대 기술

디지털 건축의 형태적, 전산적 실험들은 과거 몇 십년간 기술에 영향을 주었던 일련의 변화들로부터 분리될 수 없다. 이 변화들은 디지털 도구들의 대량 확산 같은 혁신의 문제일 뿐 아니라 유전자 공학의 발전이나 나노 스케일 구조의 실험에 의해 열린 새로운 원근까지를 포함한다. 이러한 혁신들이 비록 선구적이고 눈부실지라도, 그것들은 강력한 인식론적 차원을 보여주는 더욱 세계적인 진화의 단지 부분일 뿐이다. 달리 말하자면, 지난 수십 년간 변화한 것은 기술의 내용뿐만이 아니라 그것의 정의도 포함된다. 우리가 이제 기술이라 부르는 것은 19세기 초 영국으로부터 20세기 중반의 미국과 일본, 독일에까지 이르는 산업화의 고전적 형태를 결정했던 기술 세계와 급격히 다르다. 우리가 비록 아직 진정으로 포스트 산업사회를 살고 있지는 않지만, 사회학자 다니엘 벨(Daniel Bell)이 1973년에 했던 가정[1]과는 반대로, 산업적 생산이 사라졌다기 보다는 중국 같은 나라들에서 재배치되었기 때문에 많은 개발 국가들에서의 서비스 경제의 부상은 기술의 인식과 이해에 대한 일련의 변형이 동반되었다. 물성의 변하는 내용, 텍토닉의 위기, 장식적 실습의 떠오르는 중요성들이 건축에서 일어나는 것을 더욱 일반적인 과학적, 기술적 진화에 연결시키는 현상들 가운데에 존재한다.

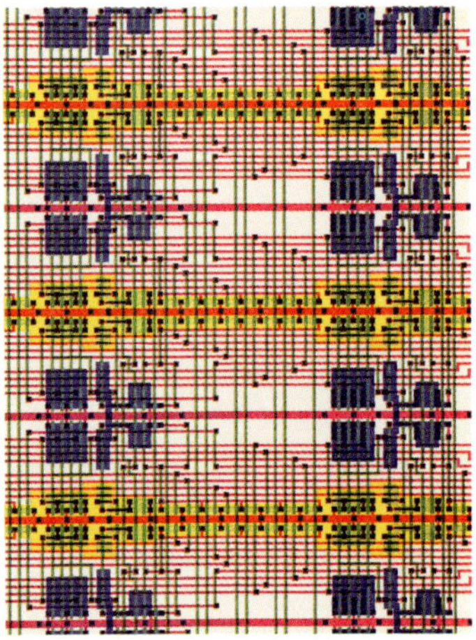

마이크로프로세서(CRISP) 다이어그램과 상응되는 실리콘 마이크로칩, 1986 (AT&T 벨 연구소, 회사 디자인 생산). 2009. 디지털 이미지, MoMA, 뉴욕/스칼라, 플로렌스. 컴퓨터 하드웨어의 켜로 된 조직은 전통적인 구조적 법칙과는 완전히 대비되는 거의 프랙탈적인 특성을 가진다.

첫 번째의 괄목할 만한 변화는 자동차와 비행기 같은 전통적인 기술적 오브제들의 적절성의 일련의 상실 속에 나타난다. 기술의 일상적 경험 속에서, 오브제들은 더 이상 그들이 과거에 그랬던 것만큼 결정적이지 않다. 그것들은 네트

1 Daniel Bell, *The Coming of Post-Industrial Society: A Venture in Social Forecasting* (New York: Basic Books, 1973). 이런 종류의 분석의 결점에 대한 비판에 관해서는 Pierre Veltz, *Le Nouveau Monde Industriel* (Paris: 2000, 재판 Paris: Gallimard, 2008)을 볼 것.

스마트폰. 2009. 아버레니. BigStockPhoto.com 협찬.

기관차. 사진: Phil Sussman. 전통적인 기술적 "개체".

워크와 장들 같은 더욱 포괄적이며 동시에 추상적인 실체들로 대체되었다. 오늘날 우리를 둘러싸는 대부분의 인공물들은 산업시대의 기계들에 부여되었던 자율성의 단지 부분만을 가지는 듯이 보인다. 우리는 휴대폰으로 표시되는 신호의 강도와 같이, 네트워크나 장들에 속하는 자질들을 표현하는 연결 매체, 혹은 터미널 같은 유사-오브제들 사이에서 살려고 한다. 휴대폰의 경우는 현재 논의가 지속 중이다. 그것들 중의 어떤 것들, 가장 최근의 스마트 폰은 강한 욕망을 동결시킨다; 그러나 그것들은 그럼에도 불구하고 전화 요금제와 제공자의 유효 가청 범위가 없이는 쓸모가 없다는 점에서 실제의 자율성을 박탈당한다. 흥미롭게, 무선 소통의 발전 몇 십 년 전에 리처드 벅민스터 풀러(Richard Buckminster Fuller)는 이미 전화를 서비스로 지배되는 사회 내에서 오브제들의 적절성의 부분적 상실을 보여주기 위해 이용했었다. 그가 확실히 주목했듯이, 전화기를 소유하는 것은 실제 중요한 것이 아니었다. 문제가 되는 것은 요금제의 선택이었다.[2] 프랑스 철학자 조르주 시몽동(Georges Simondon)이 기술적 산물에 대해 자신의 고전적 책에서 언급했던 것과 반대로, 현대적 오브제나 오히

2 Martin Pawley, *Buckminster Fuller* (London: Trefoil, 1990), p. 23.

려 유사 - 오브제들은 "개체"로 여겨질 수 없다.[3] 에밀 졸라(Emile Zola)의 소설 「인간 야수 *La Bête Humaine*」[4]에서 완전히 성장한 특성으로 등장하는 기관차와 같은, 그것들의 많은 선구적 예들과 대조되게, 그들의 존재는 네트워크와 장들의 단순한 삶의 개화로 나타난다.

전통적인 기술적 산물들의 적절성의 상실은 아마도 내가 다음 장에서 다시 돌아오게 될 이슈인 가상성의 계속 증가하는 중요성의 인식의 중심에 있다. 그것들을 대체하고 있는 네트워크와 장들은 전통적 오브제들보다는 즉각적으로 인식되는 것이 쉽지 않다. 그것들은 터미널 같은 유사 - 오브제를 통한 현실화를 기다리며 가능성들을 발생시키는 듯이 보인다. 무선의 네트워크는 그들의 사용자들에게 완전히 나타나도록 되기 위해 예를 들어 컴퓨터나 휴대폰 등을 필요로

센서블 시티 연구소, MIT, 케임브리지, 매사추세츠. MIT 캠퍼스를 횡단하는 무선의 인터넷 강도, 2005. 네트워크와 장들, 흐름은 기술적 현실의 초기적 층으로서의 기계 같은 전통적 산물을 대체했다.

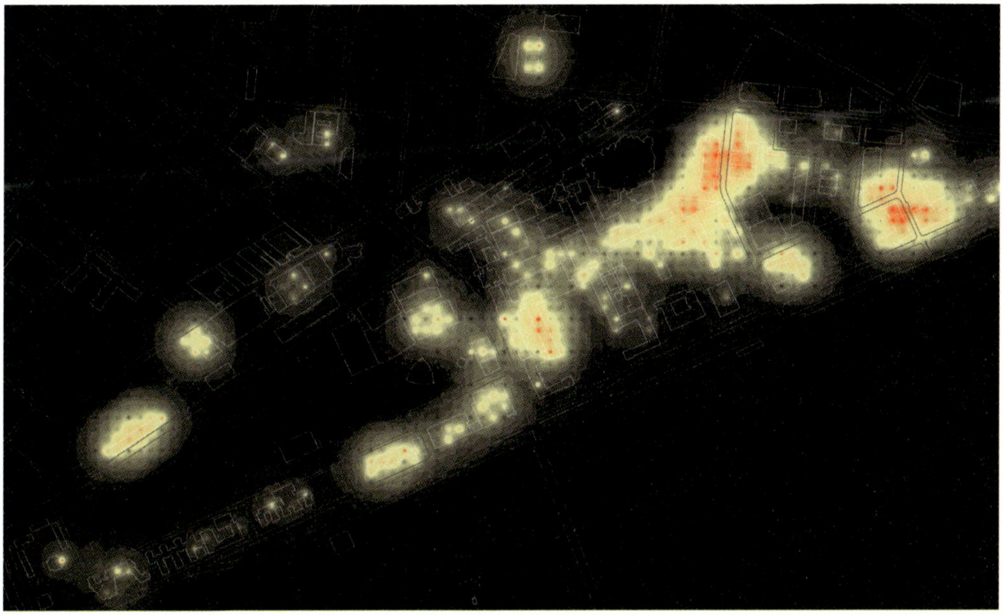

3 Georges Simondon, *Du Mode d'Existence des Objets Techniques* (Paris: Aubier, 1969).
4 Emile Zola, *La Bête Humaine* (Paris: 1890, 영역본 New York: Oxford University Press, 1996).

한다. 우리를 둘러싸는 새로운 기술적 환경의 또 다른 기본적 특성은 그것의 이음매 없는 본성이다. 무선 네트워크들은 다시 한 번 네트워크와 장들이 더욱 더 유동적인 방식으로 혼합되는 듯이 보이는 세계의 상징이다. 이러한 연속체는 인터넷 같은 실체를 다룰 때 "서핑하기", "검색하기", "표류하기" 같은 동사들의 은유적 사용을 성공적으로 하는 것을 설명해준다. 그것들은 연속적인 기술적 세계 내에서 채택하려는 경향에 관한 어떤 것을 전달한다. 엘레강스한 디지털 건축 형태의 부드러움은 이런 유동적 특성의 은유적 해석으로 읽힐 수 있다. 눈은 지난 장에서 논의되었던 감각에서, 주체와 객체 사이에서 확장되는 공간에 침투하려는 욕망을 가능하게 하며 그것의 표면에서 서핑하고, 검색하거나 표류하는 것으로 가정된다.

이런 환경 속에서 기술적 오브제들의 구성 요소들은 점점 덜 기하학과 메카닉에 기초한 안들에 따라 조합된다. 구조와 엔진들은 오케스트라의 악기 부분들과 같이 서로 서로 대답하는 조심스레 디자인된 요소들로써 기술적 발명의 기본 법칙들을 요약하곤 했다. 고딕 성당이나 자전거를 특징짓는 요소들의 시스템적, 혹은 시너제틱한 배치들보다 더 뛰어난 것은 없었다. 컴퓨터와 더 일반적인 전자 장비들은 더 이상 이런 법칙들에 따라 디자인되지 않는다. 그것들은 하드웨어와 소프트웨어의 겹쳐진 조합으로 나타난다. 이런 적층식 조합들에서 시스템적, 혹은 시너제틱한 조직은 또 다른, 그리고 어떤 면에선 인터페이스에 기초한 더 느슨한 유형의 관계들로 대체된다. 인터페이스는 전통적인 구조 디자인보다는 코드-쓰기, 그리고 하나의 코드로부터 다른 코드로 전환하는 문제들과 더 관련된다.

또 다른 관점에서 구조적 차원은 정보의 부상에 의해 위험에 빠진다. 결국 구조는 종종 미시와 거시 사이의 중간적 스케일에서 결정되곤 했다. 동물의 뼈에서 건축물에 이르기까지 구조는 이 두 가지 극단 사이의 특별한 위치의 특징인 하나의 질서 유형을 구현하는 것으로 가정되었다. 이 특별한 위치는 정보가 모든 스케일 수준에서 동일한 패턴을 따르는 듯이 보이는 세계 속에서 도전을 받는다. 이것은 많은 현대의 담론들 속에서 프랙탈이 행하는 상징적 역할을 설명한다. 프랙탈들은 더 이상 기하학적 기이함으로 보이지 않고, 이제 정보, 즉 소위 전통적 위계와 스케일들에 대한 그것의 무관심에 의해 지배되는 세계의 기본적 특징을 구현하는 것으로 인식된다.[5]

파트리치아 피치니니(Patricia Piccinini), Protein Lattice-Subset Red, 초상화, 1997, 디지털 c-타입 사진. 파트리치아 피치니니 협찬. 어떤 것이 더 인공적인가: 유전자 변환 쥐인가, 아니면 모델인가? 둘 다는 그들 각각의 산업 현장인 생명공학과 패션의 세련된 산물로 인식될 수 있다.

현재 상황의 또 다른 혼란스런 양상은 하부 구조적이었던 것들과 상부 구조적인 것으로 간주되었던 것들 사이에서 자주 나타나는 흐림 현상이다. 수송 회사에서 차량들의 경영에 사용되는 소프트웨어 프로그램은 차량들 자체보다도 종종 더 중요하다. 비슷한 방식으로, 수행 시스템을 변화시키기 위해, 윈도우에서 예를 들어 리눅스 같은 프로그램으로 변환하는 것은 새로운 컴퓨터를 사는 것보다 더 근본적인 이동을 하는 것으로 나타난다. 많은 경우들에서 하드웨어는 실제적으로 조직의 더 부드러운 부분이다. 아마도 인터넷의 역사는 하부 구조와 상부 구조 사이의 흐림에 대한 가장 좋은 도해를 제공한다, 왜냐하면 네트워크는 마치 나무의 작은 가지들과 잎들이 그 줄기보다 더 높은 위계적 수준에 위치하듯이, 그것의 실제적 하부 구조적 수준이 그것에 접속된 사용자들임을 제시하며, 처음 십여 년간 자신의 백본을 몇 번 바꾸었기 때문이다.[6]

여기서 언급될 건축적 텍토닉의 위기는 이런 맥락에서 대체되어야 한다. 또 다른 요소가 위에서 언급된 진화들에 첨가된다: 그것은 동시에 일어나는 자

5 프랙탈 기하학에 관해선 Benoît Mandelbrot, *Les Objets Fractals. Forme, Hasard et Dimension* (Paris: 1975, 재판 Paris: Flammarion, 1989)참조.
6 Janet Abbate, *op. cit.*

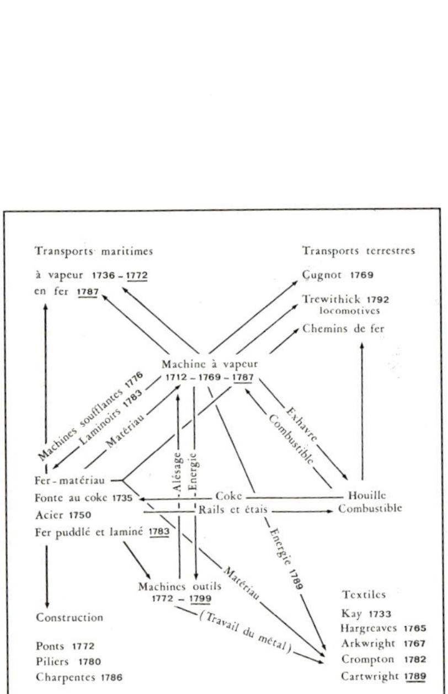


FIG. 4. — SCHÉMA SIMPLIFIÉ DU SYSTÈME TECHNIQUE DE LA PREMIÈRE MOITIÉ DU XIXe SIÈCLE.

1차 산업혁명 기술 시스템의 단순화된 다이어그램, 베르트랑 질(편집), Histoire des Techniques, Bibliotheque de la Pleiade, 1978. Editions Gallimard. 프랑스의 기술사가 베르트랑 질 Bertrand Gille에 따르면 1차 산업혁명 기술 시스템은 세 가지의 기본적 요소들 사이의 상호 작용들에 기초했다: 석탄, 철, 증기 기관. 그러한 단순화된 시스템적 서술은 현대적 기술에서는 달성하기 어렵다.

연과 인공물 사이의 한계의 급진적 재정의, 즉 살아 있는 유기 조직의 특징을 취하는 가능성으로 요약되는 재정의이다. 이러한 변화들로써 우리는 더 이상 모호하지 않은 범주들의 이용을 장악하는 것이 쉽지 않은 기술적 세계와 직면한다. 우리는 낯선 자연에 의해 순환되는 인간적 영역의 전통적 비전 보다는 브루노 라투르나 페터 슬로터다익 같은 철학자들이 자신들의 에세이에서 설명한 것에 더 가까운 기술-자연적 환경 속에서 산다.[7]

시스템 분석이 최근의 유행으로의 회귀로 알려졌지만, 이런 환경은 더 이상 시스템적 유추를 이용해 접근될 수 없다. 시스템은 거의 항상 그 관계들이 정보 처리와 피드백 루프의 관점에서 특징지어질 수 있는 요소들이나 별개의 부분들의 집합들이다. 디자이너들에 대한 어필에도 불구하고 사이버네틱스나 네오 사이버네틱 모델들은 아마도 더 이상 현대의 기술을 이해하는데 적절치 못하다. 기술적 진화를 시스템들의 시리즈로 설명하려 시도하는 루이스 멈포드(Lewis Mumford)나 베르트랑 질(Bertrand Gille) 같은 역사가들의 시도 같은 더욱 전통적인 시스템적 접근들조차 덜 만족스럽다. 1차 산업 혁명이 결국 세 가지 요소들: 석탄, 철, 증기 기관 사이의 상호 작용에 기초한 시스템으로 설명되는 반면, 멈포드와 질이 확실히 논쟁하듯, 비교 가능한 방식 속에서 우리의 불규칙하게 확산되는 기술 환경을 요약할 수 있는 요소들은 제한이 없다.[8]

이음매 없는 기술 세계를 다루며, 조경 이론과 역사에 도입된 분석적 범주들을 이용하고 싶어진다. 왜냐하면 이 환경은 그것의 침투력 있는 존재와 부드러운 전이로써 시스템 보다는 조경에서 일반적인 더욱 많은 양상들을 가지기 때문이다. 그것의 네트워크와 장들은 일반적 시골이 숲과 오두막에 의해 활성화되는 것과 마찬가지로 터미널 같은 유사 오브제들에 의해 강조되는 지형과 유사

7 Bruno Latour, *Politics of Nature: How to Bring the Sciences into Democracy* (Paris: 2000, 영역본 Cambridge: Harvard University Press, 2004).

8 Lewis Mumford, *Technics and Civilization* (New York: Harcourt, Brace and Company, 1938); Bertrand Gille, "Prolégomènes à une Histoire des Techniques", in *Histoire des Techniques*, pp. 1-118.

9 인스턴트 시티는 Graham Foundation에 의해 가능하게 만들어진 1968년 계획의 이름이었다. Peter Cook(ed.), *Archigram* (London: Studio Vista 1972), p. 86. 현대의 도시적 환경을 이해하기 위한 이 계획의 패러다임적 특성에 관해선 우리의 지난번 장을 참조할 것.

하다. 그러나 여기서 시골을 언급하는 것은 오해의 소지가 있을 수 있다, 왜냐하면 현대의 기술적 조경은 기본적으로 도시이며, 거의 도시 그 자체와 동일하기 때문이다. 예를 들어 격리된 산골짜기와 같이 가장 먼 장소에서조차 컴퓨터와 휴대폰과 같은 가장 전형적인 장치들은 도시적 거품, 즉 아키그램의 원조적 계획 같이 메트로폴리탄 리듬 속에서 그 사용자들을 대체하는 일종의 "인스턴트 시티"를 양산할 수 있다.[9] 도시를 조경으로 상상하는 것은 더 나아가 도시적 사고의 필요한 재생을 향한 가장 확실한 길 중의 하나로 되었다.[10] 컴퓨터로 시작하여, 주요 기술적 장치들과 같이, 점점 덜 기하학적이며 기계적인 앗상블라주로 나타나며, 도시는 더 이상 도시적 구성이나 심지어는 도시적 구획의 관점으로 다뤄질 수 없다. 그것의 미래는 시각적으로 무질서하고 조심스레 계획되거나, 생산적이고 유쾌한 것 같이, 균등하게 다르고 종종 모순적인 차원들로 변화되는 접근 속에 있는 듯이 보인다.

이전의 조경 미학, 특히 칸트 이론[11]에 의해 가정되었던 비판적 거리, 혹은 무관심 등과는 반대로, 현대의 기술적 조경은 그것을 인지하는 주체의 측면에서의 중성적 거리를 함축하지 않는다; 그것은 반대로 그로부터의 연루를 요구한다. 이런 조경은 결국 주체에 영향을 주는 재정의로부터 분리될 수 없다. 우리는 이미 인간과 기술 사이의 연결이 너무 밀접해 그것들의 혼성으로 이끄는 것을 가정하는 사이보그와 같이, 오늘날 창발되는 새로운 주체의 수많은 가능한 특성들을 보았다. 사이보그 가설은 기술과 도시를 동시에 재검토하는 편리한 시작점을 매우 잘 재현할 수도 있다.[12] 공간적으로 분배된 주체성과 감정의 개념들은 현대의 기술적 조경을 다룰 때 왜 칸트의 무관심이 정확히 질문을 벗어나는지를 정확히 지적해줄 수 있다. 오늘날의 개인들은 어떻게 자신들의 내적 자신들과 연속선상에 있는 장면의 외부로부터 숙고를 할 수 있는가? 디지털 건축과 중재되고 분배된 주체에 대한 그것의 옹호는 인간과 그의 기술적, 도시적 환경 사이에서 횡행하는 새로운 관계들의 전형을 고려하는 것 속에 있다.

10 Charles Waldheim (ed.), *The Landscape Urbanism Reader* (New York: Princeton University Press, 2006).
11 Jacques Roger, *Court Traité du Paysage* (Paris: Gallimard, 1997).
12 사이보그와 건축과 도시적 질문에 대한 그것의 적절성에 관해선 Antoine Picon, *La Ville Territoire des Cyborgs* (Besançon: Les Editions de l'Imprimeur, 1998), William J. Mitchell, *Me++: The Cyborg Self and the Networked City* (Cambridge, Massachusetts: MIT Press, 2003), Matthew Gandy, "Cyborg Urbanization: Complexity and Monstrosity in the Contemporary City", in *International Journal of Urban and Regional Research*, vol. 29, no.1, 2005; Erik Swyngedouw, "Circulations and Metabolisms: (Hybrid) Natures and (Cyborg) Cities", in *Science as Culture*, vol. 15, no.2, June 2006, pp. 105-121참조.

## 스케일과 텍토닉의 위기

현대의 건축적 장면들의 가장 놀라운 양상들 중의 하나는 가장 상징적인 생산들 중의 어떤 것에 영향을 주는 듯이 보이는 스케일의 위기이다. 그것의 가장 가시적인 원천은 거대한 공항이나 초대형 쇼핑 몰 같은 프로그램들을 탄생시켰던 하부 구조와 건물들 사이의 전통적 구분의 흐림이다. 렌조 피아노의 간사이공항, 노먼 포스터의 쳅락콕 홍콩 공항이나 모리스 선더랜드의 웨스트 에드몬튼 몰들은 건축의 전통적 정의에 도전하는 이런 경향의 상징적 존재들이다.

디지털 건축과 그와 함께 오는 다양한 전산 도구들은 이 거대한 계획들을 건축 사무소에서 단지 처리 가능하도록 해주는 것만이 아니다. 그것들은 또한 그것들의 수용을 위한 적합한 문화적 맥락을 창조한다. 이런 맥락은 컴퓨터 이미지에 의해 발생되는 차원에 관한 폭넓은 불확실성의 징후를 낳는다. 컴퓨터 스크린에서 형태들은 결정적 차원 없이 부유하는 듯이 보인다. 프랑소아즈 로쉬(François Roche)의 네오-사이버네틱 도시 거대구조인 "I've Heard About"는 예를 들어 중규모의 산호층 같이 보인다. 컴퓨터 이미지의 확장적 사용을 만드는 게임과 영화들에서도 동일한 불확실성이 검출 가능하다. 두 번째의 스타워즈 삼부작을 취해 보자.[13] 그것의 거대한 건축은 실제적으로 정확한 스케일이 없다. 그것은 피라미드와 마천루의 웅장함과 축소된 스케일 모델의 정확성 모두를 야기한다. 하나는 거대한 건축의 완벽한 그림을 얻기 위해 뒤로 물러서려는 모순적 충동과 동시에 축소된 모델의 미세한 디테일들을 자세히 보려는 충동 사이에서 찢어진다. 그런 인상은 숭고함과 정교함 사이의 진동을 낳았으며, 그러므로 스펙터클의 스케일을 고려한 불확실성에 첨가된다.

포스터 + 파트너스, 첵랍콕 홍콩 국제공항, 조망도, 홍콩, 1992-1998. 데니스 길버트/뷰.

13 George Lucas (dir.), *Star Wars*, Episodes I, II, III (1999, 2005, 2008).

"I've Heard About" R&Sie(n) 협찬. 컴퓨터에 의해 발생된 이미지는 이 도시적 거대구조의 정확한 스케일을 보여주지 않는다.

초기의 블롭들로부터 더욱 최근의 엘레강스한 디자인에 이르기까지, 수많은 디지털 계획 기하학의 혁신적 특성은 또한 스케일의 위기의 원인이 된다. 르네상스 이래 우리 눈은 장방형 형상의 길이와 폭, 깊이 등을 인식하도록 훈련된 반면, 부드럽게 휜 표면과 볼륨들의 크기를 측정하는 것에는 거의 익숙지 못하다. 그러므로 네덜란드 할레머메르에 있는 아심토트(Asymptote)의 하이드라피어(HydraPier)나 자하 하디드의 독일 라이프치히 BMW 센트럴 빌딩들의 실현의 인상은 잠시 착륙한 미래의 우주선과 같다. 그들은 우주선과 유선형의 외양을 공유하며, 무엇보다도 그들의 비관습적인 기하학의 결과로 나타나는 모호한 스케일을 보여준다.

아심토트: 하니 라시드와 리스 안느 쿠튀르, 하이드라 피어 파빌리온, 네덜란드 할레머메르, 2002. 사진: 크리스티안 리히터 협찬.

스케일의 위기와 함께 디자인의 지침으로서의 구조의 적절성에 대한 점진적 상실 역시 함께 간다. 그것을 다르게 취급하기 위해 우리는 케네스 프램튼 이래로, 고트프리트 젬퍼(Gottfried Semper)의 약간 특이한 정의[14]를 넘어서서, 넓은 관점에서 건축적 관점으로 해석된 구조에 부합하는 텍토닉의 개념, 즉 공간 결정 차원에서의 구조의 개념을 야기시킬 수 있다. 우리가 프램튼을 따른다면 텍토닉은 근대 건축을 이끌어 나가는 법칙이었다.[15] 르 꼬르뷔제의 몇 개 주요 작품들로부터 시작해 많은 근대의 건물들이 자신들을 구조의 엄격한 법칙으로부터 해방시켰다는 것은 확실히 사실이다.[16] 그럼에도 구조적 법칙들과 텍토닉

14 텍토닉에 관한 젬퍼의 해석에 대해선 Harry Mallgrave, 고트프리트 젬퍼의 소개서, *Style in the Technical and Tectonic Arts*; 혹은 *Practical Aesthetics* (Los Angeles: The Getty Research Institute, 2004), pp. 1-67을 볼 것. 현대의 건축 이론에 의해 만들어진 젬퍼에 대한 잦은 언급들에도 불구하고, 텍토닉에 대한 일반적 이해는 이 개념에 대한 그의 접근과는 매우 다르다.

15 Kenneth Frampton, *Studies in Tectonic Culture*.

은 그들이 단순한 공간적 규제로 환원될 때에조차 조직의 역할을 했다. 그것들은 20세기의 전반기에 구조적 디테일이 점차적으로 전통적 장식을 대체할 정도로 건축의 조형적, 표현적 차원을 전달하는 데에서 도구적이었다. 그들의 주요 미학과 상징적 기능은 IIT 캠퍼스 같은 계획들에서 미스 반 데어 로에가 텍토닉 분절을 장식적으로 사용한 것에서 그 절정을 이루려 했다.

1980년대 중반 건축계에 컴퓨터의 사용이 확산되기 시작했을 때, 그것은 처음의 스케치부터 디테일한 기술적 해결에 이르기까지 거의 이음매 없이 관통하도록 그것이 제공하는 새로운 가능성으로 인해 건축에서 구조와 텍토닉의 지배를 강화할 것으로 기대되었다. 그것이 설정하기로 약속한 부드러운 과정은 그 당시에 디자인과 구조적 결정 사이의 깊은 정도의 응집력과 동일하게 보였다. 이 응집력은 또한 시스템적인 매개변수적 실험으로부터 장점을 얻을 것으로 기대되었다. 새로운 영역이 디자이너의 눈 아래에서 펼쳐졌는데, 그것은 형태와 기술 사이의 완벽한 맞춤에 도달하기 위해 다중의 해결책들이 상상될 수 있는 영역이었다.

미스 반 데어 로에, 시카고 IIT 동문 기념홀, 코너 보와 벽돌들의 디테일. 1947년 4월 7일, HB-09969-A. 사진 Hedrich Blessing. 시카고 역사박물관. 건설 디테일은 거의 장식적 수준을 가진다.

많은 경우들에서 일어나는 일들은 이 과도하게 낙관적인 시나리오들과는 정반대를 이룬다. 많은 상징적 건물들이 건축적 형태와 텍토닉 사이의 놀랄만한 불일치를 기록했다. 토요 이토의 센다이 미디어텍은 건축가의 서두사에 따르면 수초들이 떠다니는 액상적 환경을 야기할 것으로 기대되었다. 구축된 건물이 초기의 야망을 부분적으로 실현했을지라도, 그것은 실제적으로, 마치 디자인 선

16) 이것은 예를 들어 라 투레트 수도원의 경우에서도 볼 수 있다. Sergio Ferro, Cherif Kebal, Philippe Potié, Cyrille Simonnet, *Le Corbusier: Le Couvent de La Tourette* (Marseilles: Parenthèses, 1988).

토요 이토 &
어소시에이트,
센다이 미디어테크,
2001

택은 많은 부분 그것의 실현을 위한 기술로부터 독립적이듯이, 조선술을 야기한 튼튼한 강철판으로 만들어졌다. 초기적 디지털 표현에 의해 제시된 부드러운 직물과 건물의 구축적 현실 사이의 유사한 노정이 FOA의 요코하마 터미널에서 관찰될 수 있다. 센다이 미디어텍에서 요코하마 터미널에까지, 건축적 형태와 텍토닉의 영역을 급진적으로 구분하는 것 외의 다른 대안은 없는 듯이 보인다. 이러한 구분은 많은 다른 현대의 상징적 건물들에서도 작용한다. 자하 하디드의 파에노 센터의 전체적으로 콘크리트로 이루어진 외양은 예를 들어 바닥과 지붕 철제 거더 그리드들의 구조적 중요성과는 모순된다. 그 경우에서 우리는 또한 형태와 텍토닉 사이의 불일치를 목격한다.

컴퓨터가 초기에 예상되었듯이 결국 개념과 현실을 밀접하게 분절하는 것을 허용하며, 동시에 건축적 상상과 빌딩 기술의 현실 사이의 놀랄만한 거리를 재창조한다는 것을 목격하는 것은 역설적이다. 이것은 장력의 현재적 상황, 혹은 심지어 전통적인 텍토닉 가설의 위기, 그리고 당연히 기초적 역할을 구조짓는 것이 스케일이었다는 사실로 인해 스케일에 영향을 주는 불확실성에 밀접하게 연관된 상황 들을 상징한다. 프랭크 게리의 실습은 아마도 건축적 형태가 첫 번째이자 대부분을 차지하고, 구조적 제약은 거의 고려를 안 한 놀라운 건물들로써 이런 위기를 가장 잘 도해해주는 것들 중의 하나이다. 결론은 컴퓨터가 비록 구조적 관점에서 최적과는 거리가 멀지라도 형태의 실현을 가능하게 만드는 듯이 보인다는 것이다. 카티아(Catia)의 사용은 디자이너로 하여금 가장 복잡한 기하학들에 엄격한 결정들을 부여하고 동시에 구조 기술자와 계약자들에게 가격이 얼마일지라도 그것을 건설하는 데에서의 필요한 정보를 제공하는 것을 가능하게 해준다.

프랭크 게리의 건축 외에도 구조적 제약을 무시하거나 아예 거부하는 다른 많은 예들이 있다. 놀라운 것은 또한 이런 제약들이 함축하는 타당성의 종류에 대한 비판이다. 이런 비판은 굽이치는 유리가 기존 건물의 견고한 골조와 완벽히 대조를 이루는 미셸 사에(Michele Saee)의 파리 드럭스토어 퍼블리시스의 새로운 파사드 속에 존재한다. 비록 해체주의적 계획이 전체적으로 들어가 있지만 전통적인 구조적 조직 법칙이 오늘날에도 여전히 매우 많이 존재한다. 의미심장하게 그런 경향은 그것을 "비 데카르트적", 혹은 "비공식적" 법칙들에 기초한 대안적 텍토닉에 대한 질문으로 보는 세실 발몽(Cecil Balmond) 같은 공학자들과 공유된다.[17] 발몽이 관습적인 구조적 이해에 도전하는 복잡한 기둥과 보들의 미궁으로 구조를 담당한 헤어조크와 드 뫼론의 베이징 올림픽 스타디움은 이런 질문들의 도해로 나타난다. 그것은 종종 임의성, 혹은 적어도 텍토닉 습관에 대한 대항책으로 그런 식으로 나타나는 것을 이용한다. 임의성은 세실 발몽이 건축가 토요 이토와 긴밀하게 협조하여 디자인한 2002년 런던 서펜타인 파빌

미셸 사에(Michele Saee), 파리 드럭스토어 퍼블리시스의 새로운 파사드, 2004.

17 Cecil Balmond, *Informal*.

토요 이토 & 어소시에이트, 세실 발몽 협력,
서펜타인 갤러리 파빌리온, 런던, 2002.

리온의 또 다른 구조에서 특히 눈에 띄는 듯이 보인다. 임의성 또한 자신들의 세포들의 크기와 형상 내의 다양성의 중요한 범위를 제공하는 보로노이 쪽맞춤과 같은 안들의 성공을 설명해준다. 점들의 불연속적 집합에 대한 거리들로 결정됨으로써 보로노이 쪽맞춤은 결국 표면 위에 아무렇게나 던져진 원반들과 같이 이 점들의 던져짐의 결과로 나타날 수 있다.

헤어조크 & 드 뫼론, 베이징 국립 스타디움, 중국. 스위스 건축가들은 공학자 세실 발몽과 협력해 대안적인 "비데카르트적" 텍토닉 질서의 질문을 이끌었다.

그러나 대안적 텍토닉에 대한 연구는 닐 리치(Neal Leach), 데이비드 턴불(David Turnbull), 혹은 제시 라이저(Jesse Reiser) 같이 다양한 이론가와 실무가들에 의해 다시 고쳐짐으로써 애매한 것으로 입증된다.[18] 우리는 결국 그것이 본질에서 진정으로 텍토닉인지 의심할 수도 있다. 우리가 만약 구조적 계산에 몰두한 공학자로 의심할 여지없이 남아있는 세실 발몽을 제외한다면, 이 시대에 가장 문제가 되는 것으로 보이는 것은 아직까지 들어본 적이 없는 형태들의 발레에 기초한 새로운 시학, 즉 부하들의 고려와는 많은 관계가 없는 듯이 보이는 시학이다.

전통적인 구조적 지침으로부터 떨어져 나오려는 경향은 구조적 수준과 비구조적 수준 사이의 구분이 점점 침투적으로 되고 있는 기술 세계의 더 넓은 틀 속에서 고려되어야 한다. 문화적 산물로서, 건축은 건설 산업의 영역을 훨씬 넘어서서 확장되는 경향들을 반영한다. 이런 산업의 현실에 더 가깝게, 최근의 기술적 발전은 실무적으로 어떤 것도 가능하게 한다. 진보된 용접이나 접합에 의해 제공된 새로운 가능성들로 인해 전통적인 조합 법칙은 무시될 수 있다. 그것들의 증가된 수행들로써 재료들 또한 이런 진화에서 결정적인 역할을 한다.

18 Neil Leach, David Turnbull, Chris Williams (eds.), *Digital Tectonic*, Jesse Reiser, Nakano Umemoto *Atlas of Novel Tectonic.*

게리의 건축에 의해 요약되듯이, 거의 모든 형태적 선택을 실행 가능한 구축적 조합으로 바꾸어주는 컴퓨터의 능력은 구조적 연루를 너무 많이 걱정하지 않고 건축가들이 형태와 유희를 하도록 그들에게 제공되는 가능성들을 보강한다. 그러한 가능성은 매일의 건축 생산 대부분에 가해지는 재정적 한계에 주어짐으로써 물론 이토와 FOA, 게리, 혹은 헤어조크와 드 뫼론 들에게 맡겨지는 것들 같은 상대적으로 비싼 일거리들로 제한된다. 비용 조절의 이유로 인해 전통적인 구조적 지침은 아직도 건설 산업을 크게 지배한다. 그러나 이토의 센다이 미디어테크, FOA의 요코하마 터미널, 게리의 구겐하임 미술관, 혹은 헤어조크와 드 뫼론의 베이징 스타디움 같은 계획들은 그러한 전이의 지표들이다.

새로운 요구사항들은 이러한 전이에 관련되는 지속 가능성에 대한 요구에 연결된다. 지속 가능성은 결국 하중 전달 궤적의 건전함과 구조적 선택을 합

제시 라이저 + 나카노 우메모토, 타이완 알리샨 여행자 루트, 2003, 보행로 브리지, RUR.

법적 텍토닉으로 변환시키는 것들에는 상대적으로 무관심하다. 그것은 생태학적 족적이나 다른 유형의 논리를 따르는 동역학적인 에너제틱한 행태, 즉 전통적인 구조적 요구 사항들 같은 건설 대상물의 한계 내에 남기 보다는 전체 환경을 포함하는 논리 같은 요소들을 포함한다.[19] 다시 한 번, 컴퓨터는 디자이너들이 이런 요소들을 확인하고 숙달하는 것을 가능케 하는 도구이다.

그러므로 구조적 고려들의 약화는 물리적 세계에서 문제가 되는 것, 인간 발명에 의해 아직 시도되지 않은 도전들을 재현하는 것들의 이해 내의 더욱 일반적인 전이와 연결된다. 그러나 그것은 메커닉들이 자신의 적절성을 상실했다는 것을 의미하지 않고, 오히려 그것의 상황이 변하고 있다는 것을 의미한다. 메커닉과 구조적 요구 사항들은 종종 인간의 과학과 기술의 첨단에 있곤 했다. 생물학과 생태학적 관심들을 비교할 때, 그것들은 서서히 뒤로 물러나고 있다. 그러나 이러한 배경은 그것이 처음에 보였던 것보다도 더 구속적이다; 우리는 심지어 그것을 첨단 과학이 다루는 것 보다 다른 본성의 새로운 한계로 고려할 수도 있다. 두 가지의 예가 이 상황이 실습에서 의미하는 것의 이해를 가능하게 할 수도 있다. 첫째는 하드 디스크의 기계적 실패이다. 하드웨어의 영역에서, 매우 많은 모든 것들이 디스크가 종종 사고 이전에 회전하곤 했던 정확한 속도를 복원하는 것의 어려움으로 인한 하드 디스크 기계적 실패를 제외하고는 고정될 수 있다. 두 번째 예는 미국에서 작업되는 도시 공학의 빈약한 형상의 잠재적으로 극적인 결과로 인해 제공된다. 문제의 영역은 뉴올리언스의 재앙으로 인해 갑자기 드러났다.[20] 두 가지 모두의 경우에서 기계적, 구조적 차원은 새로운 종류의 한계를 재현한다. 추론에 의해 우리는 구조적 요소들이 결정적으로 남는, 즉 적용이 덜 침투적인 첨단 과학적, 기술적 성과들 보다 어떤 점에서 더 결정적으로 남는 반면, 구조적 성과들이 더 이상 진보된 기술과 동의어로 되지 않는 세계를 상상해 볼 수 있다. 결국 "녹색' 특징들을 보여주기 전에, 건물은 여전히 정적, 동적 하중들에 저항해야 한다.

19 예를 들어 Jacques Ferrier, Useful: *The Poetry of Useful Things. Utile: La Poésie des Choses Utiles* (Basel, Boston, Berlin: Birkhäuser, Paris: Ante Prima, 2004)를 볼 것.

20 Nicolai Ouroussoff, "How the City Sank", in *The New York Times*, Sunday, 9 October, 2005, sect. 2, p. 1, 35.

그러므로 조직의 텍토닉 규범의 위기는 그것들을 향한 많은 현대의 디지털 디자이너의 가벼운 경향에도 불구하고, 구조적 제약의 소멸과 필연적으로 동의어가 될 필요는 없다. 더 나아가, 우리는 심지어 현재의 직설적인 구조적 법칙들에 대한 대안들이 전적으로 납득할만하지는 않더라도, 어떤 새로운 텍토닉 규범들은 어떤 지점에서 창발할 것이라고 가정할 수도 있다. 텍토닉 표현과 기억, 기념비성 사이에 존재하곤 했던 관계, 즉 내가 잠시 후에 다시 돌아가게 될 관계 같은, 이 가설에 믿음을 가져다 줄 강한 이유들이 있다. 텍토닉의 위기로써 자체가 위험에 빠지는 것을 발견하는 것은 단지 구조적 합법성뿐이 아니다; 건축과 기억 사이의 연결 또한 제대로 작동이 되지 않는다.

## 기억에서 망각으로

이 이슈는 더욱 일반적인 문제의 부분, 소위 디지털 문화와 기억, 역사 사이의 관계의 느슨한 특성에 관한 것이다. 비록 역설적으로 그것의 부분이 실제적으로 하나의 기록일지라도, 인터넷은 기억과 역사를 관심에 두지 않으려는 전형적 경향을 지닌다. 웹상에서 순환의 유동성은 역사적 깊이에 반대되는 수준의 인상을 발생시킨다. 더욱 일반적으로, 토마스 프리드만이 자신의 베스트셀러 책에서 야기한 세계화의 "균일한" 세계는 또한 역사적 궤적들이 그전보다 덜 문제시되는 듯이 보이는 세계이기도 하다.[21] 적절한 디지털 문화를 넘어서서, 우리의 눈 아래에서 펼쳐지는 새로운 기술적 풍경은 마치 이 풍경이 계속 지속되는 현재 속에서 목욕을 하듯이, 시간의 흐름과 그것이 가져온 역사적 변화들에 상대적으로 무관심한 듯이 보인다. 이것은 어느 정도 당황스런 상황이다, 왜냐하면 전통적 기술은 산업화의 여명기에 그것과 조합되었던 진보의 찬양에도 불구하고, 그것이 오래 실습된 생산적 제스추어와 수행들의 기억, 혹은 시간이 제작 기술과 노동의 조직에 가져 온 강렬한 변화들이라면, 실제적으로 기억으로부터 분리하는 것이 불가능하기 때문이다.[22]

21 Thomas L. Friedman, *The World is Flat: A Brief History of the Twenty-First Century* (New York: Farrar, Strauss and Giroux, 2005).
22 기술과 기억 사이의 관계에 관해선 Bernard Stiegler, *Technics and Time* (Paris: 1994, 영역본 Stanford: Stanford University Press, 1998)을 볼 것.

마르크 앙트완 로지에, 「건축 에세이」, 1755, 겉표지. 로지에는 건축의 기원을 원초적 오두막의 텍토닉한 조직으로 되돌린다.

건축 영역에서 기술과 기억 사이의 강한 연관은 텍토닉으로써 우선적 표현을 발견했다. 결국 텍토닉은 건물 예술의 기원과 발전 같은 질문과 연관이 되어야 했다. 이것은 텍토닉과 창발, 건축의 발전 사이의 연결에 집중한 18세기의 「건축 에세이 *Essai sur l'Architecture*」를 쓴 프랑스 수사 마르크 앙트완 로지에(Marc-Antoine Laugier) 같은 다양한 이론가들에 의해 명확하게 만들어졌었다.[23] 질문은 예를 들어 19세기의 이론가들이 날카롭게 비동의했던 그리스 도릭과 그것이 나무 구조로부터 파생되었다는 의심스런 혈통의 해석을 다루며 본질적인 것으로 남게 되었다.

텍토닉은 폐허의 주제를 통해 기억과 또 다른 연관을 가졌다. 폐허의 이슈는 직접적이고 명확한 방식으로 건축과 시간 사이의 관계를 제기했다. 폐허화 과정이 궁극적으로 노출시킨 것은 건물들의 텍토닉 차원이었다. 맨벽들과 기둥들, 부분적으로 붕괴된 볼트들은 종종 그것들의 이전의 장식을 상실한 채 세기들의 용해된 효과들을 입증했다. 거의 인간의 해골과 동일한 표현력을 부여받은 채, 폐허는 역사적 조건들의 흐름을 요약했다. 해골과 같이, 그것은 죽음과 슬픔의 개념들을 전달했다. 그러나 그것은 또한 재생과 부활의 개념을 의미했으므로, 이교도적 인간성의 구제를 기독교 신앙의 모험으로 상징하기 위한 탄생 장면의 세팅으로서의 폐허의 빈번한 사용이 있었다.

무엇보다도, 텍토닉이 시간과 역사, 기억들과 연관되는 것은 지지하는 부재와 지지되는 부재들 사이의 수직적, 사선적, 수평적 부분들의 상호 작용을 통해, 그리고 그것의 분절들을 통해서였다. 이러한 분절들은 인간 신체가 그것들

23 Wolfgang Herrmann, *Laugier and Eighteenth Century French Theory* (London: Zwemmer, 1962).

의 디자인 시기에 이해되었던 방식, 즉 스페인의 구조 공학자 에두아르도 토로야(Eduardo Torroja)가 "공허함은 내적 평형의 모든 현상을 지배하는 법칙들을 흡수하지 않은 채 자신의 뼈의 골수로만 향하며 구조를 배치하는 데에 성공하기를 원하는 자의 시도일 것이다"[24]라고 선언한 것에서 잘 전달되는 연관 방식과 어느 정도 관계가 있었다. 신체와 그의 뼈대 사이의 유추를 통해–오늘날 더욱 문제가 되는 유추–텍토닉은 탄생과 성장, 쇠퇴와 재생의 개념으로 상징되는 일시성, 기억과 역사의 차원과 강하게 조화되는 일시성에 강하게 고착되었다.

위베르 로베르(Hubert Robert, 1733-1808), "폐허 속의 루브르의 대전시장의 상상적 풍경", 1796. 파리, 루브르. 1.14 × 1.46 m. 2009. White Images/Scala, 플로렌스.

24 Eduardo Torroja, *Les Structures Architecturales. Leur Conception, leur Réalisation* (Burgos, Madrid: 1960, 불역 Paris: Eyrolles, 1971), p. 28. 나는 불어판에서 영어로 번역을 했다.

비록 텍토닉 분절이 건축의 근본적 특성으로서 폭넓게 인식되던 시기에 엄격하게 언어로 말하지 않았을지라도, 그것들은 일종의 문법을 따랐다. 구조적 부분들의 상호 관계들을 해독하는 데에 익숙해진 대중에게 있어서와 마찬가지로, 그것들의 디자이너들에게도, 그것들은 사물들이 유지되는 방식에 관한 논의, 즉 다시 한 번 시간과 기억, 역사에 관한 논의를 구축하기 위한 가능성의 담론을 만들었다. 19세기의 건축 이론가 으젠느-에마누엘 비올레 르 뒤크(Eugéne-Emmanuel Viollet-le-Duc)로부터 20세기 독일의 예술사가 에르빈 파노프스키(Erwin Panofsky)에 이르기까지, 이러한 담론을 주어진 문화적 맥락에서 지배적인 추론의 일반적 구조에 연결시키려는 강렬한 유혹이 있었다. 비올레 르 뒤크와 파노프스키 모두 다 고딕 구조를 중세적 사고방식에 의해 제공된 관점으로 해석하려 했다.[25]

구조와 담론, 기억들 사이의 가능한 유추들에 도전하는 요소들 가운데에서 우리는 구축적 부분들을 매개 변수적 관계들로 대체하려는 경향을 발견한다. 조르주 리아로풀로스-르장드르(George Liaropoulos-Legendre)가 관찰하듯이: "매개 변수적 관계들은 부분들이 아니다(...). 그러므로 매개 변수적 조정에 의해 형상화된 형태는–당신은 그것을 조각들로 자를 수도 없고, 치환과 대체의 분리된 적용, 부분들의 스케일링 속에 빠질 수도 없다–라고 말할 만한 불연속적 부분을 안가진다."[26] 부드러움과 엘레강스만이 즉각적으로 인식될 수 있는 스케일을 결여하는 형태들로 이끄는 것이 아니다; 그것들은 구문론 같은 텍토닉 표현에 반대된다.

19세기부터 건축과 기억 사이의 연결은 기억과 역사의 선호되는 매체로서의 글쓰기에 대한 연관에 의해 종종 배가되었다. 「파리의 노트르담」에서 글쓰기와 그림이 건축을 집합적 기억의 지배적인 도구로 대체했음을 의미하는 빅토르 위고의 유명한 선언 "이것은 그것을 죽일 것이다 ceci tuera cela"[27]에도 불구하고, 19세기 건축은 여전히 종종 파사드 명각의 풍부한 사용을 하는 매우 정직한 방식의 글쓰기에 의해 재현되는 도전을 향해 부상하려 했다. 앙리 라브루스트의 파리 생 주느브에브 도서관은 외벽에 조각된 유명 인사들의 리스트로써 그러한 노력의 전

25 Eugène-Emmanuel Viollet-le-Duc, *Entretiens sur l'Architecture* (Paris: A. Morel & Cie, 1863-1872), Erwin Panofsky, *Gothic Architecture and Scholasticism* (Latrobe, Pennsylvania: The Archabbey Press, 1951).

26 George Liaropoulos-Legendre, *op. cit.*, p. 2,7

27 Victor Hugo, *Notre-Dame de Paris* (Paris: 1831, 신판 Paris: Le Livre de Poche, 1998) p. 289.

28 19세기 건축과 글쓰기 사이의 관계에 대해서는 예를 들어 Barry Bergdoll, *Léon Vaudoyer. Historicism in the Age of Industry* (New York: Architectural History Foundation, Cambridge, Massachusetts: MIT Press, 1994)를 볼 것.

형을 보여준다.[28]

그러한 기반에서 또한 현재의 디지털 건축 표현과의 대비는 놀랍다. 오늘날 글쓰기는 결국 다양한 계획들에서 나타나지만 대부분의 경우에 그것은 실시간 뉴스의 간판과 같은 전시, 혹은 장식적 실습과 유사한 것들로 연결된다. 글쓰기는 기억과 기념의 이슈들을 야기하는 역사에 관련되기 보다는 현재에 대한 연관을 설정하는 듯이 보인다. 동시에 기념비의 개념, 즉 기억과 역사와 강한 관련을 가지는 건물은 애매하게 되었다.[29] 헤어조크와 드 뫼론, 혹은 자하 하디드의 거대한 계획들은 진정으로 기념비들인가? 그것들의 문화적 매력에도 불구하고 우리는 결국 그것들이 기념하는 것이 무엇인지를 의심해볼 수 있다. 문화와 엘레강스한 디자인을 찬양하는 것은 19세기의 건축이 가장 협의의 실용주의적 장치들 속에서조차 보존하고자 노력했던 차원인 기억과는 확실히 다르다.

앙리 라브루스트, 파리 생 주느브에브 도서관 파사드의 디테일, 1851. 라브루스트를 따르며 다양한 19세기 건축가들이 도서관과 미술관 벽 위에 유명한 철학자, 문인, 예술가들의 리스트를 새겨 넣었다.

이런 망각의 상태는 아마도 텍토닉과 흡사한 건축적 차원의 재부상을 선호하는 가장 강력한 논의들 중의 하나를 재현한다. 발몽이나 리치의 제안들을 넘어서서, 이 이슈는 아마도 육체와 그것의 감각들에 대한 질문으로 연결된다. 우리는 어떻게 디지털 건축과 우리의 물리적 세계 경험 사이의 직관과 유추, 즉 우리로 하여금 건축이 우리의 개인적, 사회적 운명들로 연결되는 방식에 대한 이해를 재구축하는 것을 가능하게 해줄 수도 있는 직관과 유추의 밀도 있는 그물망을 재구축할 수 있을 것인가? 우리가 나중에 알게 되겠지만, 그것의 답은 우리의 눈 밑에서 떠오르고 있는 물성의 새로운 개념 속에 있을 수도 있다.

29 기념비의 개념에 관해선 Françoise Choay, *L'Allégorie du Patrimoine* (Paris: Le Seuil, 1992)을 볼 것.

## 장식의 재창조

전통적인 텍토닉 가정들의 장력의 결과들 가운데에서 우리는 텍토닉 분절과는 구별되는 어떤 것으로서의 장식의 화려한 회귀를 발견한다. 오늘날의 건축 장식은 모더니티의 여명 이전에 우세했던 개념, 즉 조각적, 그리고 무엇보다도 상징적 차원을 보여주었던 개념과는 특별한 관계가 없다. 표피의 새로운 중요성과의 관련 속에서, 장식은 오늘날 일반적으로 조각된 치장보다는 그것을 패턴에 더 가깝게 가져다주는 침투적 조건의 통합적 부분으로서 여겨진다. 자우어브루흐 후톤(Sauerbruch Hutton)의 독일 비버라흐 약학 연구소, 혹은 오피스 다(Office dA)의 서울 오브제(Obzee) 헤드쿼터 들은 이런 재해석의 전형을 보여준다. 심지어는 마치 헤어조크와 드 뫼론의 독일 에베어스발데(Eberswalde) 기술학교 도서관과 같이, 장식적 요소가 실제적으로 이미지이거나 이미지들의 시리즈일 때에도, 전체적 효과는 패턴이나 쪽맞춤(tessellation)의 효과를 보여준다.

지난 몇 년간 수많은 책들이 장식의 복귀, 혹은 오히려 장식의 재창조 등에 관해 다루어왔다. 이 작업들 가운데에서 특별한 관심은 파시드 무사비(Farshid Moussavi)와 미하일 쿠보(Michael Kubo)의 책 「장식의 기능 *The Function of Ornament*」에로 돌려져야 한다, 왜냐하면 장식적 경향과 최근에 관련된 가정들의 상태를 그것들이 명확히 보여주기 때문이다.[30] 첫 번째의 가정은 현대의 장식이 건축 외관의 상징적 의미에 연관되지 않는다는 것이다. 더 이상 필연적으로 국부적이고 특별한 상징들을 인식하지 않는 세계적 문화의 이름 속에서, 무사비와 쿠보는 특히 역사주의와 지역주의적 상징에 대한 포스트모던적 강박을 거부한다. 우리가 방금 지적한 기억의 위기는 또한 그것의 어떤 인식될만한 장식적 표식들의 위기이기도 하다. 오늘날의 건축에서 작동되는 수행주의적 경향과의 직접적 관련 속에서, 그것들의 두 번째 가정은 장식이 실제적으로 완벽히 수행적이며, 혹은 그들의 어휘를 사용하자면, 건축의 기능적 차원으로 인식되어야 한다는 것이

30 예를 들어 Farshid Moussavi, Michael Kubo, *The Function of Ornament* (Barcelona: Actar, 2006).

자우어브루흐 후톤(Sauerbruch Hutton),
독일 비버라흐 약학 연구소, 2002.
사진: bitterbredt.de.

OMA, 신 제다 국제공항 계획, 2005. OMA 협찬. 전통적인 아랍 건축에 대한 명백한 참조는 현대의 장식이 더 이상 상징적이지 않다는 무사비와 쿠보의 주장과는 모순되는 듯이 보인다.

다. 그러나 우리는 우리가 기능이라 부르는 것이 실제로는 전통적인 기능주의에 의해 함축되는 것보다 훨씬 더 넓다는 것을 알아야 한다.

우리가 역사에 대한 망각의 일시적 상태에 살지라도, 상징을 완전히 무시하는 것이 가능한가? 하버드 디자인 매거진 2008년 봄/여름 호에서 발표된 아티클에서 건축가 로버트 레비트(Robert Levit)는 그러한 입장의 애매함을 강조한다.[31] 그는 상징적 의미가 항상 프로이트식의 억압된 것의 회귀를 불러일으키는 식으로 다시 돌아오며, 그것을 체크하려는 시도들은 종종 OMA의 2005년 신 제

31 Robert Levit, "Contemporary 'Ornament': The Return of the Symbolic Repressed", in *Harvard Design Magazine*, no. 28, 봄/여름 2008, pp. 70-85.

다 국제공항 계획의 복잡한 자수 형상이나 SOM의 2007년 바레인 북부 사원의 북아프리카 이슬람식 (moucharaby)과 흡사한 표피와 같은 약간 허구적인 문화적 과거의 순진한 인용으로 이끈다고 논한다.

무사비와 쿠보는 그들이 현대의 장식을 감각적으로 연결시킬 때에 이것보다는 훨씬 더 설득력이 있다. 그들의 책에서 감각과 영향력은 현대 건축의 차원을 정의하는 것과 같이 물성과 재질의 점진적 중요성에 연결된다. 장식이 디지털 기술과 물성 모두와 관계된다는 것은 특히 헤어조크와 드 뫼론의 최근 작품에서 명백하다. 바젤 샤우라거 (Schaulager)로부터 샌프란시스코 데영 뮤지엄에 이르기까지, 장식은 충만한 표피 조건으로 되는데, 그것은 사용되는 물질들의 입자를 결정하기 위해 컴퓨터의 사용에 직접적으로 연결되는 기술인 픽셀화의 정도에 기초한 변양태들이다.[32]

장식과 물성 사이에서 창발된 새로운 연결은 장식이 왜 자주 전통적인 텍토닉보다 더 근본적인 것으로 나타나는지를 설명할 수도 있다. 그러한 상황은 또한, 마치 발몽에 의해 연구된 대안적인 텍토닉 질서가 실제적으로 장식적이었던 것처럼, 베이징 올림픽 경기장 같은 건물의 실현이 전달하는 거대한 보석과 같

32 더 이상의 연구를 위해서는 Rémi Rouyer, *Architecture et Procès Technique: Les Figures de l'Imaginaire*, PhD dissertation, Université de Paris I-Sorbonne, 2006을 볼 것.

헤어조크와 드 뫼론, 중국 베이징 국립 경기장의 야경. 헤어조크와 드 뫼론 협찬.

은 장식과 직면할 때의 낯선 인상을 설명해준다. 무작위로 보이는 대각선의 기둥과 보들에 의해 진정한 스케일이 드러나기 보다는 흐려지는 이 거대한 건축물보다 더, 현대 세계의 하부 구조와 상부 구조적 특성 사이의 다양한 역전을 잘 보여주는 것은 아마도 없을 것이다. 그것의 대단한 양상은 유사하게도 인터넷의 어떤 세계 지도의 보석과 같은 형태를 연상시킨다. 거대한 장식으로서 인터넷이나, 혹은 적어도 웹을 고려하는 것은 어떤가?

웹 페이지와 그것들의 디자인이 그것들을 수용하는 서버의 하드웨어 조직보다도 더 자주 문제가 되는 세계에서, 장식은 하부 구조와 상부 구조 사이, 장식과 텍토닉 사이의 관계가 무엇인지의 인식을 혼란스럽게 만든다. 파시드 무사비의 또 다른 이론적 에세이 「형태의 기능 *The Function of Form*」은 혼돈의 완벽한 범주를 보여준다. 「장식의 기능」에 대한 후편으로 의도된 이 에세이에서 구조적 형태들은 더 이상 그것들을 재현하기 위해 사용된 그래픽 코드에 의해 보강되는 인상인 지지 구조로 나타나지 않는다.33 그것들은 장식적 효과와 영향들을 특징짓기 위해 무사비가 사용한 것들을 강하게 연상시키는 기하학적 관점으로 해석된다. 궁극적으로 구조의 기능은 장식의 기능과 매우 유사한 것으로 보이며, 그러므로 그것들의 부분적 혼합을 피할 수 없게 만드는 듯이 보인다.

## 다른 물성

이 에세이에서 내가 이미 수없이 사용했던 물성이라는 용어는 이 지점에서 어느 정도 명확히 될 필요가 있다. 태연한 긍정적 정신에게 있어, 물성은 우리가 인간 존재로서 물리적 세계와 가지는 관계를 지배하고 그 물리적 세계를 지배하는 법칙들, 물리적 세계의 절대적 조직에 의해 결정되는 듯이 보인다. 이런 관점에서 물성은 객관적이며, 자연, 그리고 자연에만 기초한다.

그러나 자연이란 단어는 자연과 기술의 모호한 혼성의 양산으로 상징되는 시대에 우리를 직접적으로 조심스럽게 만들어야 한다. 왜냐하면 자연은 부분적으로는 물리적 세계의 특별한, 역사적으로 결정된 비전의 특징을 가지는 문화적 구축이기 때문이다. 이러한 비전은 부분적으로는 직접적인 감각으로부터 오늘날의 유전자 공학의 영역에서 만들어지는 것들 같은 세련된 과학적 실험들에 이르기까지, 우리 환경에 대한 우리의 구체적 경험에 의해 만들어진다. 그러한 관점에서 자연은 객관적이지만 변화하는 요소들에 의존한다. 그러나 우리가 물리적 세계에서 발전시키는 비전은 또한 문화적인 재현과 가치들에 의해 침투된다. 후자적 차원의 예를 보여주기 위해, 우리의 세계에 대한 2000년대 초기의 해석은 정보의 개념에 의존하려 한다. 이런 지배적 패러다임에 따르면, 생체 기술적 창조는 궁극적으로 해독(decoding)과 암호화(coding) 실습과 유사한 DNA 조작이다.34 대조적으로, 1차 산업혁명의 동시대인들이 다루었던 자연은 에너지의

33 Farshid Moussavi, *The Function of Form* (Barcelona: Actar, 2009).
34 Lily Kay, *Who Wrote the Book of Life: A History of the Genetic Code* (Stanford: Stanford University Press, 2000).

고려와 더 많이 관계되었다. 에너지는 종종 삶의 원천으로 보여졌다. 메리 셸리(Mary Shelley)의 유명한 소설에서 프랑켄슈타인의 창조물은 예를 들어 전기적 방전을 통해 생명이 불어 넣어졌다. 그리고 만약 우리가 산업화 이전의 17세기 과학 혁명의 시대로 되돌아간다면, 우리는 주로 운동에 기초한 또 다른 자연을 재발견하게 된다. 운동은 결국 코페르니쿠스 천문학이나 데카르트 물리학의 중심이었다.35

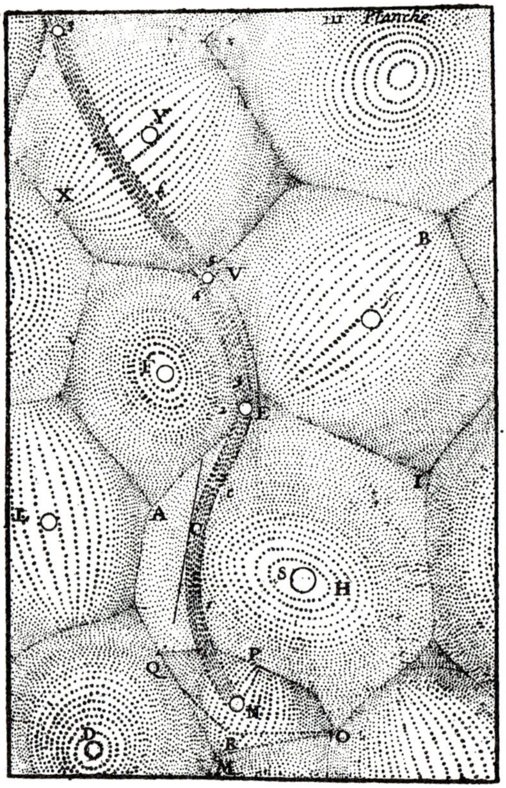

르네 데카르트, 소용돌이들, Principes de la Philosophie, 1647.

자연으로부터, 적당한 물성의 질문을 향한 중요한 단계로서 물질들로 건너가 보자. 처음 볼 때 물질들 역시 객관적인 물리학 법칙들에 의해 거의 유일하게 결정되는 듯이 보인다. 그것들이 콘크리트나 플라스틱 같이 인공적으로 생산될 때에 조차 그것들은 확실히 이 법칙들을 따른다. 그러나 이미 물질의 개념은 문화적 요소들에 의존한다. 예를 들어 1차 산업 혁명의 시대에 일반적이었던 물질의 함축적 정의는 더욱 세련된 자연이나 인간 구조들에 비교해 볼 때 물질들이 상대적으로 더 낮은 수준의 조직으로 나타난다는 가설에 기초했다. 철은 그런 관점에서 물질이었다. 나무의 경우는 그것의 유기적 기원과 섬유질들로 인해 더 모호했지만, 보는 지붕을 구성한 조합보다는 덜 구조적인 어떤 것으로 명확히 만들어졌다. 이제, 산업 시대 이전의 시대에 물질의 개념은 종종 더욱 복잡했다. 인간들은 무엇보다도 무기물과 유기물, 혹은 물질의 조직적 특성의 수준과 더욱 구조적인 수준 사

35 Jean-Pierre Séris, *Machine et Communication* (Paris: Vrin, 1987).

이의 어떤 명확히 구분되는 경계선이 없는 세계에 살았다. 오늘날 우리는 아마도 합성 재료와 스마트 재료에 관한 모든 연구들, 그리고 구조적 디자인 보다는 물질적 디자인의 수준에서 더욱 더 문제들을 해결하려는 경향들로써 산업 혁명 이전의 시대에 더 가까운 개념으로 돌아가는 듯이 보인다. 그러므로 우리가 구조로 해석하는 것에 반대되는 물질로서 우리가 고려하는 것의 정의는 문화적 구축이다. 물질들은 많은 수준에서 문화적으로, 사회적으로 구축된다. 예를 들어 그것들의 특질은 다른 배우들 사이의 복잡한 협상 과정들의 결과로 나타난다. 단단하거나 방수적, 혹은 내구적이라는 것은 무엇을 의미하는가? 이 각각의 관점들은 실험들, 이 실험들의 결과들에 대한 협상, 표준화 과정들을 함축한다. 처음

프랑소와즈 앙느빅(François Hennebique), 파리 Le Bon Marché의 실험적 건설자들의 광장, 1897-1898. 보강 콘크리트 건설의 선구자인 앙느빅은 새로운 재료의 사용을 합법화하기 위해 이런 종류의 공공 실험을 사용한다.

에는 구조적 시스템으로 보였던 보강 콘크리트가 점차 물질로 되었던 것은 그런 종류의 과정을 통해서이다.[36]

이것은 우리를 물성으로 데려다 준다. 이 느슨하게 정의된 관점이 보통 의미하는 것은 세계에서 실체가 있는 것으로 나타나는 것과 우리가 가지는 관계이다. 물성은 우리가 물질들을 인식하는 방식에 관한 것이지만, 또한 안정되고 지속적인 실제들로서의 대상물이기도 하다. 자연이나 물질들 같은 실체들이 어느 정도 사회적 구축이라면, 물성은 그것들의 운명을 피할 수 없다. 물질들과 대상물들은 문화와 언어의 필터를 거쳐서 나타난다. 그것들의 인식은 항상 어느 정도는 언어적 요소들에 의존한다. 예를 들어 프랑스어에서는 동일한 용어가 보와 트러스에 같이 적용되며, 미국적 의미와는 함축적으로 다른 텍토닉 요소들의 독해를 수반한다.

물론 물성은 단어를 통해서만 구축되지는 않는다. 반대로, 자연과 같이, 물성은 우리의 오감들로써 우리 주변에 있는 것을 우리가 인식하는 방식에 관한 것이다. 그것은 우리가 주어진 문화 속에서 받아들이는 감각적 교육과 분리될 수 없다. 색채의 인식이 문화적 지역에 따라 다르다는 것은 잘 알려져 있다. 역사학자 미하일 박산달(Michael Baxandall)이 말하듯: "하나의 문화 속에 살고, 자라나고, 그 속에서 살아남는 것을 배우는 것은 우리를 특별한 인식적 훈련 속으로 연루시킨다. 그것은 우리로 하여금 우리가 감각이 정신에 제공하는 새로운 자료를 처리하는 방식에 영향을 미치는 식별의 기술과 습관들을 부여한다."[37] 물성은 우리가 어떤 식으로든 보고, 듣고, 만지고, 냄새 맡고, 맛을 보는 방식과 같으며, 보이고, 들리고, 만져지고, 냄새 맡아지고, 맛보여지는 것의 본질적 자질과 다르지 않다. 마지막으로, 다시 한 번 자연과 같이, 물성은 우리가 우리의 물리적 환경에서 수행하는 작업들에 의존한다. 물성에 대한 우리의 정의는 우리가 우리 주변의 대상물들과 물질들로부터 실제적으로 만들 수 있는 것에 많은 부분을 의존한다.

36 A 이 질문의 더 구체적인 논의는 Antoine Picon, "Construction History: Between Technological and Cultural History", in *Construction History*, vol. 21, 2005-06, pp. 5-19를 볼 것.

37 Michael Baxandall, *Patterns of Intention: On the Historical Explanation of Pictures* (New Haven, London: Yale University Press, 1985), p. 107.

물성에 대한 이 다른 접근들 사이에는 다중의 연결들이 있다. 도구와 기계들은 어떤 가장 중요한 것들을 구현한다. 도구와 기계들은 우리의 환경을 변형시키는 수단을 제공하는 것만이 아니다; 그것들은 또한 단어와 개념들이 종종 그 실체를 전달했듯이, 우리의 감각적 경험을 형상화 하는데 기여한다. 그 점을 명확히 하기 위해 내가 제 1장의 마지막 부분 즈음에서 간략히 언급했던 자동차의 경우로 되돌아가 보자. 자동차가 자주 일상의 경험의 피폐로 이끈다고 비난을 받는 한에 있어서, 이 경우는 특히 흥미롭다. 예를 들어 자동차를 타고 가는 동안 우리가 느끼는 단순화된 감각들에 대해 걷는 것의 풍부함을 대비시키는 것은 아주 평범한 일이다. 물성의 상실은 공간과 시간의 추상적 개념으로 이끌며, 이러한 단순화를 통해 자신을 표현하는 듯이 보인다.[38] 그러한 비난들은 과거에 컴퓨터의 사용에 대해 행해졌던 비판들의 어떤 것들과 놀랄 만큼 유사성을 가진다.

제임스 둘린 (James Doolin), "하이웨이 패트롤", (1986), 캔버스 위 유화, 72"× 118". Koplin Del Rio 갤러리, 로스앤젤레스 협찬.

38 예를 들어 Marc Desportes, *Paysages en Mouvement. Transports et Perception de l'Espace XVIIIe-XXe Siècle* (Paris: Gallimard, 2005)을 볼 것.

비교적으로, 그리고 컴퓨터와는 반대로, 우리는 우리의 배후에 거의 한 세기의 자동차 경험을 가진다. 이 한 세기의 긴 역사가 우리에게 가르쳐 주는 것은 상황이 자동차 비판론자들이 전형적으로 가정하는 것 보다 훨씬 더 복잡하다는 것이다. 사실상 우리가 거주하는 공간의 비물질화와 동의어가 되는 대신, 자동차는 우리의 물성의 개념을 바꾸어 놓았다. 여기서 이러한 변형의 자세한 논의 속으로 들어가는 것은 나의 의도가 아니다. 나는 최근에 컴퓨터와 함께 벌어지는 것으로 이항될 수 있는 그러한 어떤 주요 양상들을 주장하고 싶을 뿐이다.

첫째, 자동차에서 우리는 우리가 걸을 때와 같은 정확히 동일한 대상물들을 인식하지는 않는다. 고속도로에서 볼 때, 건물은 일반적으로 우리가 한가히 산책하며 지나갈 때 가지는 비전과는 다르다. 무엇보다도, 자동차의 속도에서 대상물들은 새로운 인식적 실체를 형성하기 위해 재편성된다. 우리의 현대적 도시 스카이라인들은 예를 들어 주요 도시 고속도로들을 따라 간판들의 급속한 연속에 의해 만들어지는 경관과 마찬가지로 자동차 시대의 전형적인 산물들이다.

자동차의 경험은 또한 가속과 감속으로부터 바람이 가져다주는 느낌에 이르기까지 일련의 감각들과 동의어이다. 이런 감각들의 어떤 것들은 엔진의 사용에 밀접하게 연결된다. 우리는 수평적 가속에 너무 익숙하게 되어, 느리고 규칙적인 운동들이 법칙이었던 이전의 기계화되지 않은 사회에서는 그것이 만들어내는 감각들을 거의 얻을 수 없었다는 것을 잊으려 한다.

우리의 기계화된 환경 속에서, 속도의 흥분과 사건의 원근 사이에서, 우리는 힘의 인상과 취약함의 느낌 모두를 가진다. 제임스 그레엄 발라드(James Graham Ballard)의 유명한 소설 「크래쉬 *Crash*」는 인간 신체의 이러한 새로운 상태, 혹은 오히려 신체와 그것의 기계적 확장으로 구성된 혼성의 상태에 집중한다; 그것은 힘을 부여 받는 동시에 취약한 혼성적 존재로, 거리는 상관없이 항상 부상을 당하기 직전까지 갔다. 발라드의 원근에서 힘과 취약성의 이러한 혼합물은 강한 성적 함축성을 지닌다. 그의 주인공들에게 있어서 사고, 즉 이 소설의 제목인

치명적 충돌은 섹스의 새롭고, 기술적으로 중재된 형태에 비교될 수 있다.39

공간의 개념은 인식론적 실체의 재정의를 통해, 즉 우리가 자동차를 타는 동안 우리가 경험하는 전체적 신체의 존재론적 상태 속의 변화와 가속 같은 감각들을 통해 바뀐다. 우리가 운전할 때 방향을 잡도록 도와주는 다양한 표지판들과 같이, 도로 지도는 이러한 변화된 공간성을 반영한다. 이러한 상황의 가장 중요한 양상은 아마도 공간에 대한 우리의 일상적 경험 속에 자동차의 사용이 주입시키는 미묘한 변화들일 것이다. 심지어는 걸어가는 동안에도 자동차의 경험은 공간의 이해에 대한 다른 모드를 결정하는 하나의 경계로서 항상 존재한다.

탠지블 미디어 그룹과 SENSEable City 연구소, 샌드스케이프, 2002. 카를로 라티 협찬. 인터페이스는 이용자가 연성적 보조물을 이용해 랜드스케이프 모델을 구축할 수 있도록 해준다. 레이저 스캐너를 사용함으로써 실시간 속에서 3차원 기하학이 포획된다.

요약하자면, 자동차는 우리의 세계에 대한 물리적 인식을 떨어뜨리지 않았다. 자동차는 그것을 수정했다. 그것은 물성의 내용과 경계를 바꾸어버렸다. 은유로서 자동차를 사용하며, 그것은 이제 컴퓨터를 물리적 경험과 물성의 또 다른 치환을 유도하는 새로운 도구로 해석하려 한다. 컴퓨터의 도움을 받는 건축가는 아마도 새로운 유형의 경험, 즉 디자인의 영역을 훨씬 넘어서 확장되는 물리적 세계에 대한 관계의 진화적 증후로서의 경험을 발생시키는 여행에 나선 운전자, 혹은 여행자와도 같다. 이런 경험의 주된 양상들은 무엇이며, 그것들은 창발되는 새로운 물성의 더 넓은 그림에 어떻게 연관을 시키는가? 물론 우리는 은유를 너무 직접적으로 취하는 것을 피해야 한다. 그러나 자동차의 비유는 디지털 세계와 물성을 고려하는 그것의 어떤 결과들에 접근하는 것에 대해 흥미를 느낀다.

자동차와 같이, 컴퓨터는 그것의 사용자를 새로운 인식적 실체와 대상으

39 James Graham Ballard, *Crash* (London: Cape, 1973).

마크 굴토프(Mark Goulthorpe), dECOi, 아에지스 하이퍼표면, 영국 버밍햄, 1999-2001. 사진: 마크 버리. 다각면의 금속 표면은 움직임, 소리, 혹은 빛 같은 환경으로부터의 자극에 대한 반응으로 물리적으로 변형될 수 있다.

로 표현한다. 디자인과 관련된 다양한 맥락 속에서 정적인 형태들은 기하학적 흐름에 자리를 내준다. 변형들은 재현의 전통적인 그래픽적 수단이 허용하지 않았던 일종의 증거를 획득한다. 그것들은 결국 스크린상에서 실시간 속에서 발생되고 따를 수 있다. 이런 관점에서 형상과 볼륨들을 만들어내고 조작하기 위해 컴퓨터를 사용하는 것은, 만약 진흙 모델을 만드는 실습을 3차원 조작과 결합시키려는 다양한 시도들이 이루어진다면, 이상하게도 진흙 모델을 만드는 것과도 흡사하다는 것이 우연의 일치는 아니다. 그런 관점에서 특히 중요한 것은 히로시 이시(Hiroshi Ishii)와 MIT 미디어 랩에 있는 그의 탠지블 미디어 그룹(Tangible Media Group)의 작업이다. 이시와 그의 동료들은 컴퓨터 데이터의 실시간 생산으로써 진흙과 모래를 포함한 다양한 재료들과 물리적 상호 작용을 조합할 수 있었다.[40]

변형을 디자인하는 가능성은 그것이 표면과 볼륨들이 공공의 행위에 관련되어 변화하는 반응적 환경들을 탄생시킬 수 있다는 점에서, 동역학적 건축의 효과, 혹은 오히려 영향의 새로운 원천으로 된다. 그 가운데에서도 마크 굴토프(Mark Goulthorpe)는 최초로 이 가능성을 자신의 2001 아에지스 하이퍼표면(Aegis Hypersurface)으로써 시스템적 방식으로 실험했다.

흐름과 변형 외에도, 컴퓨터에 의해서, 다른 현상들 역시 그들이 건축가에게는 유사-대상물의 상태라고 가정하는 것을 조작하기 쉽게 된다. 그것들 가운데에는 빛과 재질의 효과들이 있다. 컴퓨터는 빛을 강하게 하거나 약하게 하

40 Hiroshi Ishii, Carlo Ratti, Ben Piper, Yao Wang, Assaf Biderman, E. Ben-Joseph, "Bringing Clay and Sand into Digital Design – Continuous Tangible User Interfaces", in *BT Technology Journal*, vol. 22, no. 4, October 2004, pp. 287-299.

고, 자신의 매개 변수들을 다양하게 변화시키고, 단단함과 부드러움의 정도에 따라 유사한 방식으로 작동을 하는 것을 허용함으로써 건축 디자인을 거의 촉각적인 실습으로 변형시키는 것을 허용한다. 현대의 디지털 건축에 의해 표면과 장식에 가해진 강조는 디자이너에게 제공된 이 새로운 가능성들의 직접적 결과로 나타난다.

물론 빛과 텍스추어는 스티븐 페렐라(Stephen Perella)가 하듯이,[41] 디지털 세계에서는 어떤 형태도 어떤 이미지와 함께 재질화 될 수 있다는 사실에 의해 가능하게 된 "하이퍼표면" 계획 같은 단순한 피상적 효과로부터, 베르나르 카스와 그의 오브젝타일(Objectile) 실습의 수학적으로 더욱 구체화된 창조물들[42]에 이르기까지 극단적으로 다른 방식으로 정의될 수 있다. 컴퓨터는 또한 반응적 환경의 부분으로서 빛과 텍스추어를 프로그램 하는 데에 이용될 수도 있다. 다시 한 번, 이 모든 접근들이 일반적으로 가지는 것은 볼륨적인 것과 추상적인 고려에 반대되는 것으로서의 장식적 효과들에 대한 잠재력을 지니며, 표면과 감각적 조건들에 대해 강조를 하는 것이다.

로렌츠 끌개. 인과관계 사이의 스케일과 더욱 일반적으로는 비례가 더 이상 명백하지 않은 물리적 세계의 상징적 형상.

피상적 조건들 같은 일련의 차원들이 기본적으로 되는 반면, 다른 것들은 더욱 문제적으로 나타난다. 자동차의 경우에 새로운 적절한 대상의 창발은 접근 가능성의 개념에 대한 선호 속에서 거리의 일반적 감각의 상실을 수반한다. 디지털 건축에 의해 상징화된 스케일과 텍토닉의 위기도 비슷한 방식으로 해석될 수 있다. 다시 한 번, 컴퓨터 이미지는 정보

41 Stephen Perrella, "Electronic Baroque. Hypersurface II: Autopoiesis", in Stephen Perrella (ed.), "Hypersurface Architecture II", *Architectural Design*, pp. 5-7.
42 Bernard Cache, *Earth Moves: The Furnishing of Territories* (Cambridge, Massachusetts: MIT Press, 1995).

제피로타르크 Xefirotarch (헤르난 디아즈 알론조 Hernán Díaz Alonzo), 아트 호텔, 도미니카 공화국, 플라야 그란데, 2008. 제피로타르크 협찬.

와 복잡성이 모든 수준에서 발견되는 세계, 전통적 기하학 보다는 프랙탈을 따라 조직되는 세계와 깊게 부합된다. 그런 세계 속에서는 사물들이 우선적으로 해석되어야 하는 어떤 고정된 스케일도 없다.

이런 치환은 디자인 과정들의 재정의로부터 분리될 수 없다. 디지털 세계는 세계와 지역, 계획의 일반적 정의와 매개 변수적 변양태들에 의해 만들어진, 때로는 순간적이며, 때로는 극적인 변화들 사이의 상호 작용들의 복잡한 미로를 따르기 위한 능력에 기초한 새로운 시각적 실습을 요구한다. 이런 세계에서는 가장 작은 변화도, 혼돈 이론의 유행적 제시에 따라, 세계의 한 부분에서의 나비의 날갯짓이 또 다른 부분에서는 해일을 몰고 올 수 있다는 유명한 얘기와 같이, 전체로서의 디자인에 영향을 줄 수 있다.[43] 매개 변수적 변양태에 대한 이러한 의존에 의해 일반화된 감수성은 다시 한 번, 가장 작은 장애물도 완벽히 극적인 결과를 가져 올 수 있는 불규칙한 표면 위에서 최고의 속도로 달리는 누군가의 고조된 감각적 경험과도 관계가 없지 않다. 마르코스 노박이 디지털을 사물들의 액상 상태에 비교한 이후 말하듯이: "액상의 개념과 연결된 수행들은 매개 변수화가 사물과 그것의 반대편에 의해 함축된 연속체 내의 급진적 다양성으로 이끈다."[44] 컴퓨터는 우리를 우리의 어떤 감각과 그것들이 이끄는 결과들에 특별한 강도를 가져다주는 유동적이고 탁월하게 다양한 세계 속으로 데려다 준다. 그것의 유동성은 헤르난 디아즈 알론조(Hernán Díaz Alonzo)의 건축 사무소 제피로타르크(Xefirotarch)의 계획들, 즉 도미니카 공화국의 플라야 그란데의 아트 호텔이나 한국의 부산 콘서트 홀 같이 유연한 유기적 형태들이 연결적 흐름과 같이 이음매 없이 나타나는 계획들에서 잘 표현된다.

물론 자동차는 너무 그대로 취해서는 안 될 단지 은유일 뿐이다. 그것이 비록 처음에 떠오를지라도 수백만의 자동차 운전자들과 상대적으로 적은 수의 컴퓨터를 이용하는 건축가들 사이의 불균형에 연관된 이의는 가장 결정적인 것은 아니다. 왜냐하면 디자이너들은 많은 방식에서 선구적 사용자로 나타나기 때

43 James Gleick, *Chaos* (New York: Viking Press, 1987).
44 Marcos Novak, *op. cit.*, p. 72 in particular.

문이다. 디지털 세계와의 그들의 연루는 컴퓨터 이미지의 체계적 이용과 함께 시작하는 더 넓은 진화를 말해준다. 그들 작업의 본성은 물리적 현실과 가상현실 사이의 분절 같은 중요한 이슈들을 야기한다.

다른 차이들은 신중히 취해져야 한다. 자동차들에 의해 추적되는 선형적 트랙과는 반대로, 컴퓨터 이용자의 눈 아래에서 펼쳐지는 디지털 세계는 다차원적이다. 그것은 모든 방향들로 흐른다; 그것은 또한, 적어도 이론적으로는, 물리적 운동의 비가역성과는 반대로 완전히 가역적이다. 그러나 자동차와의 비교에서 가장 중요하고 타당한 이슈는 물성의 변화적 개념에 대한 컴퓨터의 기여로 남는다. 자동차와 마찬가지로 컴퓨터는 감각들과 그것들과 결합된 인식들을 포함하는 전체성으로서의 세계를 우리가 경험하는 방식과 분리될 수 없게 되었다.

명백히 사물을 보는 이런 방식은 오랫동안 기계에 대해 취해졌던 것과는 정반대이다. 몇 십 년 컴퓨터는 정신의 단순한 확장, 수퍼 메모리, 계산기, 논리적 탐구를 위한 확장된 도구로 표현되었다. 그것은 예를 들어 프랑스 인류학자 르루아-구르앙(Leroi-Gourhan)이 「몸짓과 말 *Le Geste et la Parole*」에서 접근했던 방식, 신석기 시대로부터 20세기까지, 최초의 다듬어지고 광택낸 돌들로부터 초기의 컴퓨터에 이르기까지, 기술적 도구들의 사용을 통한 인간 진보의 특별한 고양이었다.45 르루아-구르앙에게 인간 진보는 도구들을 통한 기능의 점진적 구체화로 상징되었다. 그 모두는 손의 능력을 확장시킨 석재 칼과 도끼와 함께 시작되었다. 마지막 단계는 컴퓨터의 메모리 같은 정신적 기능들의 구체화였다.

컴퓨터가 정신의 확장과 어떤 관계가 있다는 것에는 의심의 여지가 없다. 그러나 그것을 넘어서서, 컴퓨터는 대상물에 대한 우리의 인식을 바꾼다; 그것은 우리 감각의 영역을 확장시킨다. 오늘날 개발되고 있는 새로운 인터페이스들과 함께 그것은 곧 우리의 원동기 계획들에 영향을 미칠 것이다. 단순한 마우스의 사용이 어떻게 새로운 종류의 몸짓을 창조해냈는지를 관찰하는 것만으로도 이미 놀랍다. 십대들 사이에서 비디오 게임의 개발은 심지어 더 특별한 종류의 반

45 André Leroi-Gourhan, *Le Geste et la Parole. I. Technique et Langage. II. La Mémoire et les Rythmes* (Paris: 1964-1965,신판 Paris: Albin Michel, 1991).

영들, 즉 어떤 신경학자들로 하여금 정신적 지도들이 컴퓨터 키와 조이스틱들의 달인적 사용을 만드는 능력과 함께 진화한 것이 아닌지를 의심하도록 이끈 진화를 육성했다.

증폭된 리얼리티 모바일 폰을 위한 개념. 사진: 레너드 로우

공간에 대한 우리의 인식은 이미 영향을 받았다. 「코드명 *Johnny Mnemonic*」나 「매트릭스 *The matrix*」, 「마이너리티 리포트 *Minority Report*」 같은 영화들은 물리적인 것과 디지털 사이의 구분을 흐리는, 점점 더 세련되어지는 인터페이스들의 발전으로 예상될 수 있는 일상적 공간 인식에서의 변화들을 반복해서 그려주었다.[46] 증가된 현실의 개념은 3차원적, 전자적 현실의 혼성화에 의해 가능하게 된 다른 물성의 개념과 분리될 수 없다. 이런 혼성화는 아직 완전히 존재하지 않지만, 물성의 치환의 어떤 양상들은 이미 관찰될 수 있다.

예를 들어 시각적 코드들은 놀랄만한 속도로 변화하고 있다. 우리는 단순한 마우스 클릭으로 줌 인하고 줌 아웃하는 것 같은 효과들을 만들어내는 디지털 매체의 능력에 더 이상 놀라지 않으며, 우리의 일상적인 3차원적 현실을 마치 그것이 일시적인 절충, 혹은 오히려 매우 작은 것과 매우 큰 것 사이, 원자나 픽셀들과 우주 사이의 중간 영역의 렌즈 초점의 결과인 듯이 인식하려 한다. 인식될 수 있는 형태와 대상물들은 이 중간 영역의 스케일에서 나타나며, 반면에 표피와 재질적 효과는 미세와 거대 수준에서 지배적이다. 형태와 대상물들은 말하자면 일종의 추상 예술을 연상시키는 표피들에서 가깝게 보는 것과 동일하게 추상적인 인공위성적 조망 사이에서 포착된다. 디지털 시대 형태의 이상한 상황, 매우 인기 있는 동시에 피할 수 없이 불완전함으로 되는 것에 대한 어느 정도의

46 Robert Longo (dir.), *Johnny Mnemonic* (1995), Larry and Andy Wachowski (dir.), *The Matrix* (1999), Steven Spielberg (dir.), *Minority Report* (2002).

불신 모두는 이런 원근 속에서 해석될 수 있다. 형태들은 단지 상대적이고, 기하학적인 흐름에 의존하는 것으로 될 뿐만 아니라 또한 줌 인과 줌 아웃에 대한 영원한 선택으로 인해 일시적인 것으로 되기도 한다.

이러한 발전은 장기적으로 지속가능할 것인가? 우리는 모든 형상이 일시적이고, 더 크고 더 작은 경우들 사이에서 매달리게 되는, 완전히 클릭 가능하거나 줌 가능한 세계에 적응될 것인가? 적어도 일련의 클릭 가능하지 않고 줌 가능하지 않은 실체들을 위해서는 안정성에 대한 요구와 재창조에 대한 요구가 나타날 수도 있다. 확실성의 새로운 형태는 이런 클릭 가능하지 않거나 줌 가능하지 않은 상태와 함께 갈 수 있다; 결국 미술관에 있는 그림들은 클릭 가능하지도 않으며, 루브르에 있는 레오나르도의 모나리자도, 프라도에 있는 벨라스케즈의 라스메니나스도 모든 가능한 스케일로 볼 수는 없다. 클릭하거나 줌하려는 충동에 순응하며, 그렇지만 또한 이런 충동이 좌절됨을 볼 준비를 하며, 우리의 눈 아래에서 창발되는 새로운 물성은 그것이 점진적으로 폐기하는 사건들의 상태보다 더 단순하지도, 더 동질적이지도 않을 것이다.

베를린 상공 위의 인공위성 이미지, 나사 협찬.

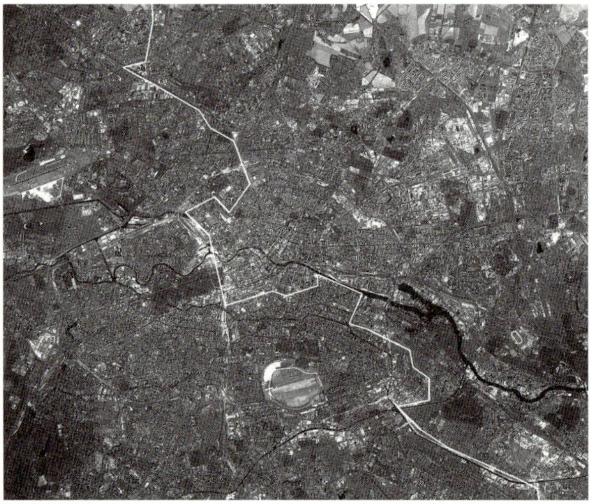

앞서 논의되었듯이, 형태의 불안정성은 세계화에 의해 만들어진 문화적 맥락에 연관될 수 있다. 세계화는 결국 지역과 일반 사이의 이상한 단락, 중간 영역의 관례와 실습들을 불안정화시키는 단락으로 이해될 수 있다.[47] 전 지구적 세계에서 우리는 매우 가깝거나 극히 먼 관점의 사물들, 구글 어스의 사용으로 반영되는 현상을 본다: 그것이 사용자들에게 제

47 예를 들어 Pierre Veltz, *Mondialisation, Villes et Territoires: L'Economie d'Archipel* (Paris: PUF, 1996).

안하는 스케일의 다양성에도 불구하고, 주의는 보통 지역적 디테일이나 전반적인 지리적 형상들을 향해 돌려진다. 세계화의 과정 속에서 컴퓨터가 유용하게 되었다면, 그것은 확실히 우연이 아니다. 줌 작용은 컴퓨터의 사용과 세계화 모두에 연관되는 스케일의 전통적 개념의 위기의 단순한 결과에 불과할 수도 있다. 그것이 발생시키는 날카로운 불안정성의 특별한 형태는 그것의 주위로 펼쳐지는 세계와의 깊은 조화 속에서 다시 한 번 자신을 발견하는 디지털 건축의 고유의 양상이다.

그러한 불안정성은 추상과 구체성 사이의 구분을 흐리는 듯이 보인다. 형태와 대상물의 일반적 범주들에 기초한 해석에 도전하는 텍스트보다 더 추상적이고 동시에 더 구체적인 것은 없다. 새로운 물성은 두 가지의 보기에 반대되는 듯 한 범주들, 즉 신호와 암호들에 기초한 완전히 추상적인 것, 그리고 물질적 현상과 특성들의 날카롭고 거의 병리학적인 인식을 포함하는 초구체성의 교차점에 위치한다.

줌 실습 외에도, 디지털 문화가 수반하는 음악 레코딩과 연주의 진화보다 더 추상과 구체성 의 이런 흐림을 잘 설명하는 것은 아마 없을 것이다. 한편으로는 단순히 순수한 정보일 뿐인 AIFF나 MP3 파일 같은 컴퓨터로 코드화된 음악보다 더 추상적인 것은 없다. 다른 한편으로는 디지털 플레이어에 의해 프로세스된 동일한 파일은 그것이 10대들의 아이포드 내용으로 언급될 때는 비록 이 내용들의 부분이 애플의 아이튠스나 아마존 스토어 같은 상업적 웹사이트에서 구매되었을지라도 10대들이 "그들의" 음악이라고 말하는 것을 가능케 해주는 구체적 캐릭터의 밀접한 경험과 동의어로 된다. 디지털로 프로세스된다는 것은 그러므로 깊은 경험과 구별할 수 없게 되었다.

디지털 디자인은 관찰자에게 거의 가촉적인 관계를 유지시키려 추구하는 동시에, 그것이 점점 더 알고리즘적 수준에 이르기까지 프로그래밍 속으로 잠겨들도록 되듯이, 추상과 구체성의 유사한 흐림을 목표로 한다. 디지털 건축의 기본적 개념인 건축적 욕망은 앞서 언급되었듯이 단순히 주체와 객체 사이의 간격을 연결하려는 것을 의도할 뿐 아니라, 또한 전산화에 고유한 추상과 건축적 경험의 구체성을 함께 가져오려는 것도 의도한다.

스케일과 텍토닉의 위기로부터 장식의 재창조에 이르기까지, 디지털 디자인의 많은 양상들은 창발되는 다른 물성의 주요 양상들에 연결된다. 그것의 실험은 디지털 디자이너들에게 부여된 가장 중요한 임무들 중의 하나이다. 스펙터클한 특성에도 불구하고, 형태는 단지 이런 실험의 다음에 온다. 물성의 이슈들을 다룰 때, 디지털 건축은 건축 학문에서 작동되는 더 넓은 경향들을 표현한다. 이것이 컴퓨터를 이용한 첨단의 계획들이 더 넓은 네오 아방가르드들, 그리고 심지어는 주류적 생산의 부분들과 만나는 지점이다. 건축은 물성으로 올 때 디지털 예술로부터 과학과 기술의 영역들에 이르기까지 다양한 다른 영역들과 이 의제를 공유한다.

학문들 사이의 그러한 수렴은 아마도 과학자와 공학자들에 의해 디자인에서 취해진 새로운 흥미의 중심을 이룰 것이다. 오늘날 디자인은 더 이상 단지 MIT Stata 센터같이, 지적 교환을 육성하도록 된 건물의 개념을 통해서만 과학적 생산에 기여하도록 예상되지는 않는다. 디자인 과정과 방법들은 창조적 개념의 문제를 다루는 과학과 공학의 지류를 위한 영감의 원천을 재현한다.[48]

이 창조적 의미들 내의 디자인의 이슈들은 또한 창발적 물성에도 기본적이다. 오늘날의 예술과 건축을 과학과 기술에 연결시키는 관계들의 밀도 있는 웹은 우리에게 르네상스시기를 연상시켜줄 수도 있다. 르네상스는 또한 물성의 깊이 있는 재정의, 원근법의 발명으로 요약되는 재정의의 순간이었다.

48 디자인과 과학 사이의 현대적 관계에 관해서는 Peter Galison, Emily Thompson (eds.), *The Architecture of Science* (Cambridge, Massachusetts: MIT Press, 1999), Antoine Picon, Alessandra Ponte (eds.), *Architecture and the Sciences: Exchanging Metaphors* (New York: Princeton Architectural Press, 2003), Akos Moravánszký, Ole W. Fischer (eds.), *Precisions: Architecture between Sciences and the Arts* (Berlin: Jovis, 2008)을 볼 것.

49 Franz-Josef Ulm, "Béton: Une Entrée en Matière", in Jean-Louis Cohen, G. Martin Moeller (eds.), *Architectures du Béton: Nouvelles Vagues, Nouvelles Recherches* (New York: 2006, 불어판 Paris: Le Moniteur, 2006), pp. 217-221.

## 디자인된 물성

창발된 물성과 디자인 차원 사이의 밀접한 관계는 물질을 다룰 때 특히 명백하다. 오늘날 물질들은 역사상 아마 최초로 모든 스케일에서 총체적으로 디자인될 수 있다. 콘크리트와 같은 고전적 물질일지라도 나노 문턱은 곧 다다를 것이다.[49] 줌 인과 줌 아웃을 위한 능력은 특히 물질 디자인에 잘 적용된다. 이것은 디지털 기술이 거기에서 기본적 역할을 한다는 점에서 놀랄 필요가 없다. 최신의 합성물이나 스마트 물질들은 모든 종류의 컴퓨터 장비의 도움으로 디자인된다.

이런 진화에 접근하는데 는 다양한 방식들이 있다. 첫 번째는 보통 상호적으로 배타적인 특성들을 조합하는 합성물과 스마트 물질들의 개발에 초점을 맞추는 것이다.[50] 예를 들어 유리의 투명성은 빈약한 단열과 부하 지지 능력으로 나아간 반면, 합성-생산 유리는 자신을 지속 가능한 파사드 디자인으로 이끌며, 투명하고, 단열이 되며, 부하에 잘 견딜 수 있다.[51]

합성물질과 스마트 물질은 섬유질 같은 산물의 인정된 개념에 도전한다.[52] 그것들은 또한 구조와 물질들 사이의 구분도 흐린다, 왜냐하면 그것들은 산업화의 여명기에 지배적이었던 물질들의 비전과 대비를 이룸으로써 조직의 강도를 지니기 때문이다. 그것들은 일련의 영역들 내에서 일어났던, 구조 디자인으로부터 물질 디자인으로의 진보적 이동에서 유용하다. 이러한 이동의 가장 놀랄만한 도해들 중의 하나는 자동차 범퍼 개념에서의 급진적 변화이다. 이전에 구조적 보호를 위해 디자인되었던 자동차 범퍼는 이제 충돌로 발생되는 에너지의 대부분을 흡수함으로써 차체 손상을 최소화하는 합성 물질로 만들어진다.

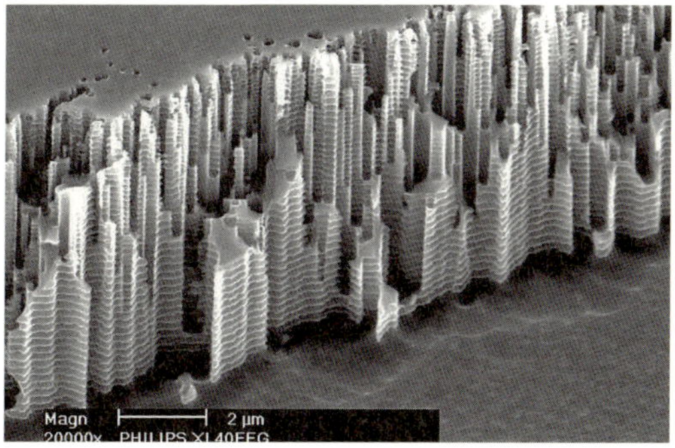


프랑스 홀타우젠(Frans Holthuysen), "스카이라인" 플라스마 에칭, 프랑스 홀타우젠-"안보이는 것을 보이게 하기"/ 전자 현미경 필립스 연구소 협찬, MiPlaza. 더 이상의 많은 과정들은 나노스케일에서 수행될 수 있다.

50 예를 들어 Ezio Manzini, *The Material of Invention* (Milan: 1986, 영역본 Cambridge, Massachusetts: MIT Press, 1989), Michelle Addington, Daniel Schodek, *Smart Materials and New Technologies for the Architecture and Design Professions* (Oxford: Architecture Press, 2005)등을 참조할 것.
51 Michael Bell, Jeannie Kim (eds.), *Engineered Transparency: The Technical, Visual and Spatial Effects of Glass* (New York: Princeton Architectural Press, 2008).
52 Mathilda McQuaid (ed.), *Extreme Textiles: Designing for High Performance* (New York: Princeton Architectural Press, 2005).

네리 옥스만(Neri Oxman), "Infinite-D BIACS Art and Design Biennial, 세비야, 2008. 네리 옥스만 협찬. 컴퓨터 시뮬레이션을 이용한 물질 조직의 실험. 구조적 하중과 환경적 조건 같은 매개 변수들에 기울여진 관심 외에도, 감각적 차원이 극도로 나타난다.

물질적 진화를 이해하는 또 다른 방식은 그것을 더 넓은 현대의 과학적, 기술적 맥락에 연결시키는 것이다. 기계 공학, 물리학, 화학, 컴퓨터 과학의 전문가들 사이의 다중적 협동에 기초해, 물질 디자인은 과학적, 기술적 환경, 혹은 더 나은 조경을 특징짓는 이질성과 학문적 통섭을 향한 경향의 전형을 보여준다. 물질 디자인과 활동의 패러다임적 영역은 결정적인 인식론적 변화를 나타낸다.53

디자이너에게 실무에서의 이런 진화의 영향은 여전히 불투명하다. 한편으로 물질과학과 물질 디자인의 영역에서 벌어진 것과 물질과 그것들의 지각적 효과에 대한 건축가들의 새로운 흥미 사이에는 명백한 연관이 있다.54 자동 조직화와 수행 같은 주제들의 연구에 대한 기여 외에도, 네리 옥스만(Neri Oxman)의 작업은 또한 이런 이슈들에서 취해진 흥미에서도 주목할 만하다.55 다른 한편으로 항공학 같은 영역과 대조되게, 빌딩 산업에서의 진보된 물질의 사용은 합성 콘크리트나 유리의 진보적 확산에도 불구하고 제한된 채로 남는다. 무엇보다도 어떤 근본적인 질문이 대답 없이 남겨진다. 디자이너들 자신이 다른 자들의 연구에 의존하는 대신 물질 디자인의 영역을 연구해야 하는가? 케네디 앤드 비올리치 아키텍처(Kennedy & Violich Architecture)의 실습은 "Give Back Curtain" 같은 계획에서 그러한 운동을 주도했지만, 이런 종류의 연루는 아주 드물다.

53 현대의 물질과학과 물질 디자인의 인식론적 차원에 관해선Bernadette Bensaude-Vincent, *Eloge du Mixte. Matériaux Nouveaux, Philosophie Ancienne* (Paris: Hachette, 1998)을 볼 것.
54 Toshiko Mori (ed.), *Immaterial/Ultramaterial: Architecture, Design and Materials* (Cambridge, Massachusetts: Harvard Design School, New York: George Braziller, 2002).
55 Neri Oxman and Jesse Louis Rosenberg, "Material-based Design Computation: An Inquiry into Digital Simulation of Physical Material Properties as Design Generators", in *International Journal of Architectural Computing*, vol.5, no.1, 2007, pp. 25-44.

주요 질문은 텍토닉 규범들과 유사한 어떤 것을 재창조하기 위한 가능성과 관련이 있다. 구조적 조직을 자신들로 대체하려는 그것들의 경향에도 불구하고, 현대의 물질들은 그런 규범들의 재창발을 가리킨다. 텍토닉은 물질들의 적절한 사용을 고려하는 규칙들에 기초한다. 그리스의 상인방 구조나 고딕의 볼트는 하중을 전달하는 석재들을 위한 최상의 방식에 대한 특별한 해석에 부합한다. 19세기 공업 건축의 텍토닉 규칙들은 철의 사용에 밀접하게 연관된다. 합성 물질과 스마트 물질의 특성들은 새로운 법칙들, 아마도 이전의 텍토닉 지침과는 매우 다른 법칙들의 제정을 요구한다.

케네디 앤드 비올리치 아키텍처(Kennedy & Violich Architecture), "Give Back Curtain", 원형과 온도는 신체 물질에 반응한다. Wall International 제작, 케네디 앤드 비올리치 아키텍처. 커튼은 어둠이 도달한 이후에 인광성의 색조와 백색 LED들을 통해 공간 속으로 빛을 되돌려 준다. 이름이 제시하는대로 물질은 신체의 온도에 반응한다.

이 지침들은 투명성과 하중 적재 사이의 앞서 언급된 대립 같은 더 이상 적절치 못한 모순에 기초했다. 창발되는 텍토닉 규범들은 그것들의 양립 가능성을 인식해야 할 것이다.

표피와 영향에 주어진 우선권은 전통적인 텍토닉 규범으로부터의 결별의 또 다른 모티브를 재현한다. 골조의 은유가 텍토닉이 무엇인지를 이해하는 가장 좋은 방식이었던 반면, 피부와의 비유는 피부가 단순한 외피가 아니라 복잡하고 종종 내부와 외부 사이의 교환의 하중 적재 시스템이라고 고려된다면, 그것의 재창조의 관점에서 우리를 기다리고 있는 것에 관한 어떤 것을 전달해 줄 수도 있다. 그러한 비유는 건축과 인간 육체 사이의 새로운 관계, 즉 주로 구조적 부분들과 인간 수족들 사이의 상응에만 기초하지 않고, 건축적 표피와 인간 피부의 유사한 기능들의 동일시에 기초한 관계의 가능성을 전달해준다.

## 디자인 전략과 전문적 조망

디자인 과정들은 이 장에서 서술된 폭넓은 맥락 속에 동일하게 남아 있을 수 있는가? 물론 그렇지 않다, 그러나 우리는 아직도 이전의 장에서 논의되었던 형태 결정과 알고리즘적 창조 사이의 선택은 제쳐놓고라도, 예상되는 변화들의 정도에 대해 궁금할 수도 있다.

가장 즉각적인 변형은 아마도 디자인 과정들을 과거보다 더 명확하게 만들려는 욕구와 연결될 것이다. 컴퓨터들은 각각의 계획 단계에서의 일련의 명령들을 요구한다. 건축에 있어서 이것은 중요한 변화를 표현할 것이다, 왜냐하면 디자인 과정들은 학문적 정의 내에서 그것들의 결정적 중요성에도 불구하고 거의 완전하게 형식화되지 않았기 때문이다. 대부분의 르네상스와 바로크 건축 논문들에서 평면과 파사드를 레이아웃하기 위해 작가들이 사용한 방식은 오더와 그것들의 비례들을 고려한 디테일들의 풍부함과 대조되게 모호하게 남았다. 지금까지 가장 강제적인 디자인 방식들 중의 하나인 보자르 구성조차도 수많은 무언의 노하우에 기초했다.[56]

디자인 과정을 더욱 명확하게 만들려는 요구는 계획에 연루된 다양한 자들에 의해 공유될 건물 정보 모델(BIM)로 종종 언급되는 자료들의 일반적 풀의 체계적 구성을 향한 진화에 의해 더 증가될 것이다. 건축과 구축의 피할 수 없는 미래로 종종 표현되는 BIM은 초기의 스케치로부터 최종적인 기술적 명세에 이르기까지 취해질 모든 단계들의 더 나은 확인을 요구한다. 각각의 단계에서 데이터베이스에 저장된 건물의 특성들에 접근하고 그것을 수정하기 위한 권한이

56 이 이슈의 더 디테일한 논의를 위해서는 Antoine Picon, "The Ghost of Architecture: The Project and its Codification", in *Perspecta*, no. 35, 2004, pp. 8-19.

주어지거나 거부되어야 한다. 일련의 지점에서 결정들은 계획이 진전되도록 할 수 있기 위해 그것들이 기하학적, 구조적, 혹은 에너지 있도록 만들며, 그것들의 어떤 특성들이 동결되도록 만들어져야 한다. 완전히 유동적인 디지털 세계의 개념이 제안하려는 것과는 대조적으로, 이런 유형의 결정은 더욱 더 결정적으로 되고 있다. 주어진 기하학이 수많은 대안들 사이에서 선택되어야 하는 것과 마찬가지로, 많은 기술적 선택들이 일련의 단계 이후에 결정되어야 한다.

그러한 맥락 속에서 디자이너의 궁극적 역량은 더욱 더 사물들의 일련의 단계들을 언제 번복할 수 없는 것으로 만들지에 관한 것으로 된다. 반대로, 기하학적, 혹은 기술적 특성들의 디테일한 과정은 그것의 이전의 중요성을 어느 정도 상실한다; 많은 경우들에서 기계는 자체적으로 작동될 수 있으며, 다양한 기하학적, 기술적 해결책들을 제시한다. 그것을 행하는 또 다른 방식은 디자인이 더욱 전체적인 비전, 전략 등에 초점을 맞추게 되고, 컴퓨터가 더 쉽게 대처하는 디테일에는 덜 관심을 기울이게 된다는 것을 고려하는 것이다.

건축 실무는 더욱 단언된 전략적 변환을 향한 이동을 위한 유일한 것이 아니다. 유한 요소 방식에 기초한 소프트웨어의 특별한 진전으로써, 구조 공학은 유사한 진화를 기약하고 있다. 공학자에게 있어서 문제는 더 이상 지루한 계산을 통해 나아가는 것이 아니다. 그에게는 또한 도전의 부분은 더 이상 전통적인 구조적 직관과 혼돈되지 않는 조직적 안들을 따르며, 처리를 하는 가장 최상의 방식을 결정하는 것 속에 있다.57

이런 진화가 주어졌을 때, 우리는 건축가와 공학자들의 전통적 정체성들이 컴퓨터에 의해 창조되는 새로운 맥락에 적응되기 위해 진화하지 않아도 되는 것인지를 의심할 수도 있다. 그러는 동안 능력의 다양한 투쟁들이 나타날 수도 있다. BIM의 존재는 그러한 경영을 궁극적으로 누가 담당할 것이냐의 질문을 야기시킨다. 건축가와 공학자 외에도 전문적인 프로젝트 매니저 같은 다른 후보자들도 있다.

57 TESS Atelier d'Ingénierie의 선임 디자이너 Bernard Vaudeville과의 대담, on 20 October, 2008.

컴퓨터는 이런 진화 속에서 고려되어야 하는 유일한 요소가 아니다. 그것의 사용에 있어서 지속 가능의 요구 사항들은 더욱 더 중요한 역할을 할 것이다. 공학자와 마찬가지로 건축가들에게 있어서 그것은 상대적 무책임성의 경향으로부터의 철저한 결별을 의미한다. 물질로부터 시작해 더욱 더 많은 것들이 디자인되는 세계에서, 구축 환경이 야기하는 넓은 이슈들에 무관심하기는 더 이상 가능하지 않다. 도시코 모리가 말하듯, "건축가들, 그리고 다른 시민들은 어디에 지을 것인지, 무엇을 지을 것인지, 어떻게 지을 것인지, 무엇으로 지을 것인지를 능동적으로 선택해야 한다."[58] 우리는 아마도 그 리스트에 "언제 안지을 것인지"를 첨가해야 할지 모른다, 왜냐하면 수많은 가능한 발전들이 지속 가능성에 대한 요구의 관점에서 점점 덜 바람직한 것으로 나타나기 때문이다.

창발되는 다른 물성은 디자인의 함축에 관한 더 높은 수준의 인식을 수반한다. 그것은 환경적, 사회적 책임을 포함한 관점에서 디자이너의 경향을 재정의하는 것을 함축한다. 시게루 반 같은 디자이너와 그의 지속 가능한 구조들의 성공은 물성과 기술적 혁신, 사회적 관심에 대한 고려 사이에서 그가 제안하는 분절들 속에 있다.

## 로봇화는 지배를 할 것인가?

전문적 능력의 진화는 빌딩 기술의 변형과 분리될 수 없다. 컴퓨터는 개념적 도구의 스프롤 세트의 중심에 있는 것뿐 아니라 컴퓨터 숫자 제어(CNC) 기계와 3D 프린터, 레이저 커터, 절단기와 루터, 급속 프로토타이핑과 제작 도구들 같은 넓은 영역의 허브로 나타난다.

이 맥락에서 다양한 질문들이 떠오른다. 첫 번째는 모더니티의 가장 오래된 추구들[59] 중의 하나이며, 그 내용이 완벽한 재평가를 요구하는 프리패브를 고려한다. 디지털 개념 도구들의 발전으로 인해 프리패브 요소들은 이전보다 훨

58 Toshiko Mori (ed.), *op. cit.*, p. xv.
59 Barry Bergdoll, Peter Christensen (eds.), *Home Delivery. Prefabricating the Modern Dwelling* (New York: The Museum of Modern Art, 2008).

피에르 위그 (Pierre Huyghe)와 미하일 메리디스 (Michael Meredith), MOS, 인형극장, 2004. 사진: 플로리안 홀처 (Florian Holzher). 이 임시적 구조는 예술가 피에르 위그의 인형 퍼포먼스를 위해 세워졌다.

씬 더 많은 다양성, 즉 미하일 메리디스(Michael Meredith)의 하버드 대학 카펜터 센터의 임시 인형 극장이나 자하 하디드의 헝거버그 푸니큘라(Hungerburg Funicular), 윌리엄 메이시(William Massie)의 아메리칸 하우스 08 같이 색다른 실현 속에서 도해된 다양성을 허용하는 새로운 방식으로 결정될 수 있다. 이것은 베르나르 카스 같은 이론가와 디자이너들이 형태와 비반복적이며 종종 복잡한 그것이 만들어질 수 있는 프리패브 조각들 모두에 적용되는 용어인 "비평균"으로서의 디지털 제작된 건축의 새로운 특성을 제안하도록 이끌었다.

최근의 기하학적 복잡성의 한계들 중의 하나는 포장(packaging)과 선적(shipping)의 문제들에 기인한다. 조던 브랜트(Jordan Brandt)가 하버드 디자인 대학원에서의 박사 학위 논문에서 주장하듯, "독특한 구성 요소들은 독특한 포장을 요구하며, 굴곡진 요소들은 평평한 요소들과 같이 적층되지 않는다"[60] 브랜트가

60 Jordan Jay Brandt, *Mobile Production of Composite Building Envelopes with Complex Geometries*, typewritten Doctorate of Design dissertation (Cambridge, Massachusetts: Harvard University Graduate School of Design, 2008), p. 3.

그라마치오(Gramazio)와 콜러(Kohler)/ ETH, "The Sequential Wall", ETH Zurich 2008. Gramazio & Kohler, ETH Zurich

그라마치오와 콜러, "구조적 진동", 베니스 2007-2008. Allesandra Bello

논의하듯, 이런 한계들의 어떤 것들은 온 사이트 프리패브의 발전에 의해 극복될 수도 있지만, 온 사이트 대 오프 사이트 대안은 오늘날 결정되는 것과는 거리가 매우 멀다.

또 다른 주요 한계는 빌딩 산업의 가능한 로봇화로부터 파생될 수 있었다. 기하학적 복잡성은 자동화된 앗상블라주와 양립될 수 있을 것인가? 비록 로봇화가 여전히 상대적으로 먼 미래에 속할지라도, 이 이슈는 전 세계에 걸쳐 일어나는 다중적 실험들과의 관련 속에서 야기될 필요가 있다.[61] 그것이 지배를 하게 될 날은 디지털 건축의 특성과 그것을 디자인하고 구축하기 위해 작동된 전문적 능력들 모두에서의 새로운 변화에 부합될 수 있다.

마르틴 베히톨트(Martin Bechthold), 하버드 디자인 대학원, 표피 효과를 위한 로봇 팔의 사용, 2008. 마르틴 베히톨트. 로봇으로써 텍스추어와 빛의 매우 큰 다양성이 단일의 물질로부터 얻어질 수 있다.

디지털 건축에 영향을 줄 수 있는 변화들 가운데에서 우리는 상대적으로 단순하고 반복적인 형태들, 그렉 린 같은 건축가와 그의 블롭벽으로 최근에 실험된 원근을 가진 추상적 요소들로의 회귀의 가능성을 발견한다. 복잡한 주문식 기하학적 구성 요소들보다 로봇을 이용해 더 쉽게 조합함으로써 이 요소들은 전통적 조적으로 벽돌들과 비슷한 역할을 할 수 있었다. 그러한 방향은 디지털 건축을 확실히 오늘날 보여주는 부드럽고 연속적인 표피들보다는 디지털 도구의 근본적으로 추상적인 자연에 더 진실되도록 만들 것이다. 그러나 그것의 기술적, 개념적 어필에도 불구하고 이런 방향이 실무에서도 지배적일 것이라는 것은 어떤 것도 보장하지 못한다.

더 일반적으로, 건축에서의 디지털 제작과 구축 로봇화의 오랜 결과들은 취리히의 스위스 국

61 예를 들어 구축 내의 자동화와 로봇공학에 관한 25차 국제 심포지엄의 온라인 프로시딩을 볼 것. http://www.iaarc.org/external/isarc2008-cd/ (visited on 7 January, 2009).

럽기술협회에서 개념적 수준에서 로봇화된 제작과 조합을 통합하려 하는 파비오 그라마치오(Fabio Gramazio)와 마티아스 콜러(Matthias Kohler) 같은 디자이너들의 연구에도 불구하고 명쾌하지 못하다.[62] 하버드 디자인 대학원에서 마르틴 베히톨트는 또한 표피 효과에 특별한 강조를 하는 로봇이 제공하는 가능성들을 실험한다. 다시 한 번, 가능성들은 매우 폭넓지만, 많은 질문들이 남는다.

존재하는 불확실성은 현대 미술관인 프랑스 오를레앙의 Fonds Regional d'Art Contemporain의 수집품 확장을 위한 계획들의 또 다른 것에서 프랑수아 로쉬(François Roche)가 그의 M(Pi) Bar에서와 같은 동일한 아이러닉한 분위기를 연출한 것 속에서 잘 전달된다. 예술가 피에르 위그(Pierre Huyghe)와 함께 협력하도록 된 2006년의 이 계획에서 로봇은 기존의 건물에 점진적으로 재활용 유리의 부가적 켜들을 만들어낸

오를레앙 Fonds Regional d'Art Contemporain을 위한 확장.
R&Sie(n) 협찬.

62 Fabio Gramazio, Matthias Kohler, *Digital Materiality in Architecture* (Basel, Boston, Berlin: Birkhäuser, 2008).

다. 인식될 만한 형상도 없이, 하나의 더미에 비교될 만하게, 기계가 "구축적 주관화를 위한 벡터, 매체", [63] 즉 디자이너에 의해 상상된 기계적 시나리오 내의 욕망의 재투자를 위한 것으로 되는 동안, 그 계획은 건축적 형태의 개념을 질문한다. 프랑수아 로쉬는 아마도 우리를 기다리고 있는 것에 대한 그의 평가에서 옳을 것이다. 형태를 넘어서서, 디지털 건축의 운명은 구축 로봇화와 욕망 사이의 연결에 대한 이해 속에 있을 수 있다.

63 http://new-territories.com/welostit.htm (2009년 1월 7일 방문).

# 디지털
# 스프롤 속의
# 도시

## 디지털 시대의 도시적 양상

SENSEable City Laboratory, MIT, "지구적 조우", 2008. SENSEable City Laboratory. 지도는 뉴욕과 전 세계의 주요 도시들 사이의 인터넷 교통의 흐름을 보여준다. 일련의 도시적 교환의 비물질화에 대해 이보다 더 잘 보여주는 도해는 아마 없을 것이다.

디지털 건축은 컴퓨터로부터 휴대폰에 이르기까지 정보와 소통 기술의 발전과 함께 창발된 도시의 변형에 대한 원근과 분리될 수 없다. 이런 관계는 건축 디자인의 변화하는 상태에 대한 접근에 또 다른 부가적 방식을 제공한다. 우리가 보게 되겠지만, 그것들은 종종 기술을 특징짓는 새로운 규범의 결과로 나타난다. 이것은 새로운 기술적 풍경이 근본적으로 도시적인 만큼 놀라움으로 다가와서는 안 된다.

이런 풍경의 언급은 도시를 기다리고 있는 변화들의 정확한 본질을 파악하는데 충분치 못하다. 디지털 기술의 발전에 연관된 도시적 삶과 새로운 도시 조직은 산업화에 의해 형성되었던 전통적인 것들과 어느 정도로 다른가? 그 질문에는 다양한 대답들이 연속적으로 제시되었었다; 그러나 어떠한 것도 완전히 만족스럽지는 않은 것으로 판명되었다.

대략 10년에서 15년 전에, 디지털 기술의 영향에 대한 질문이 도시의 미래에 대한 반영들에 스며들기 시작했을 때, 수많은 가설들이 만들어졌다. 첫 번째는 많은 도시적 교환들의 가능한 비물질화를 고려한다. 윌리엄 미첼(William J. Mitchell)은 그의 1995년도작「비트들의 도시 *City of Bits*」에서 물리적 순환을 인수하는 전자적 교접으로 자신의 평화를 회복하는 도시적 삶을 일깨운다.[1] 그런 원근에 의해 만들어진 유혹에도 불구하고 우리는 이제 이것이 그런 경우와는 거리가 멀다는 것을 안다: 물리적 순환은 전자적 교환의 부상에 대한 직접적 비례 속에서 증가되었다. 그런 관점에서 인터넷은 Sears나 Roebuk 같은 회사들의 메일오더의 발전과 함께 19세기 말부터 시작된 과정을 확장하고 있다. 아마존은 그러한 경로 파괴적 상업 실무의 먼 후계자이다. 전자적 순환의 증가의 결과로서 새로운 물리적 하부 구조에 대한 요구는 아시아에서 유럽, 미국에 이르기까지 현대의 도시적 환경에서 전례를 찾을 수 없게 크게 되었다.

1 William J. Mitchell, *op.cit.*

new york time
night
mornin

두 번째의 가설은 탈중심화된 도시적 삶으로부터 스프롤과 다른 더 급진적 형태의 분산에 이르기까지 디지털 문화의 도시적 반향에 관해 논의한다. 역사적으로 디지털 문화의 창발은 군사적, 혹은 경제적 목적의 도시적 삶의 탈중심화에 관한 논쟁들에 밀접하게 연결된다. 우리가 보았듯이, 노베르트 비너는 가이드라인으로 사이버네틱스를 이용하며 예를 들어 도시들이 가능한 핵전에 대비하는 것을 허용해주는 서비스들의 교외 환형 배치 모델을 상상했다. 일반적으로 말해 방어의 고려와 전자 네트워크의 창발은 미국식 스프롤의 주요 논의들 사이에 있었다. 최근에 전자적 유목주의와 원격 존재는 경제적, 사회적 탈중심화를 실제의 가능성으로 만들었다. 한편으로 도시적 스프롤은 디지털 문화와의 연결을 제시한다. 다른 한편으로, 그러나, 이런 원근은 대도시화와 디지털 네트워크에 대한 그것의 연관에 관한 연구들과 날카롭게 대립이 된다. 마누엘 카스텔스(Manuel Castells)나 사스키아 사센(Saskia Sassen) 같은 작가들이 논의하듯이,[2] 대도시화는 맨해튼이나 런던의 고도로 집중된 도시적 장면들에 새로운 중요성을 부여하고 있다.

디지털 문화는 분산, 혹은 도시적 집중 중의 하나인가? 실리콘 밸리나 케임브리지, 매사추세츠같이 디지털 문화 생산의 중심인 많은 공간들은 교외이며, 도시적 분산의 가능성을 증명하는 듯이 보인다. 그러나 맨해튼의 실리콘 밸리와 다운타운 샌프란시스코 또한 지난 10년간 중요한 역할을 했다. 디지털 미디어 도시들은 우리가 최근에 거주한 곳만큼 밀집될 수도 있다. 디지털 문화와 매체는 그러므로 단일의 도시 조직의 관점으로 특징지어질 수 없으며, 도시들의 물리적 조직과 도시 공간 내 밀도의 상대적 조직에서의 디지털의 반향에 관한 논의를 불러일으킨다.

이전의 논의가 물리적 공간의 조직을 통한 도시 형태에 대한 디지털의 관계를 보여준 반면, 또 다른 가설은 장소의 도시적 경험에서의 소통의 새로운 수단들, 특히 마이스페이스와 페이스북, 세컨드 라이프 같은 인터넷 주도의 네트워크와 가상공간들의 영향을 보여준다. 공간적으로 먼 사람의 가상적 조우를 통

2 예를 들어 Saskia Sassen, *The Global City: New York, London, Tokyo* (Princeton: Princeton University Press, 2001), Manuel Castells, *The Informational City: Information Technology, Economic Restructuring, and the Urban-Regional Process* (Oxford: Basil Blackwell, 1989)등을 볼 것.

해 새로운 도시적 사회는 종종 사회적 가능성의 물리적 기초가 덜 물질적이고, 비국지화되고 광범위한 시스템과 사회적 네트워크에 대한 선호 속에서 쇠퇴하는 곳으로 재현된다. 그러나 도시들에서의 비국지화와 비물질화의 정도는 인터넷의 발전 이전과 비교할 때 그렇게 필연적으로 극단적이진 않다. 사회학자 멜빈 웨버(Melvin Weber)가 1964년 그의 유명한 아티클 "도시적 장소와 비장소적 도시 영역"3에서 주시하듯, 도시적 삶과 도시적 경험들은 항상 국지성의 제한으로부터의 부분적 분리와 동의어였다. 비물질성에 관해선 영국의 과학과 기술의 사회학자 스티브 울가(Steve Woolgar)가 가상의 상호행위들이 어떤 물질적 현실에 기초할 때는 더욱 더 생생하다고 직접적으로 지적한다.4 이것은 서로 잘 알고 비슷한 사회적 제휴를 가진 자들이 함께 모인 최초의 전자적 커뮤니티들의 하나인 베이 에어리어 웰(Bay Area Well)에서 이미 나타났던 사례였다.5 그리고 그것은 대학 친구들 사이에서 만들어지는 페이스북 같은 네트워크들에서는 더욱 더 사실로 된다.

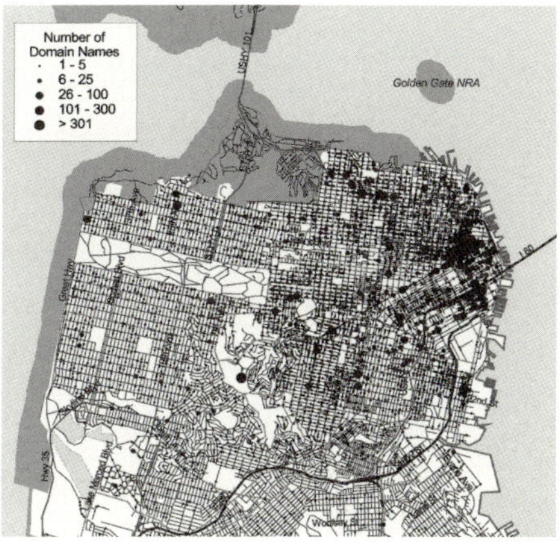


다운타운 샌프란시스코 내의 인터넷 도메인 네임들의 지도. Matthew Zook 협찬. 다운타운은 인터넷의 지리학에서 결정적 역할을 한다.

다시 한 번, 차이는 어디에 존재하는가? 디지털 미디어 도시는 우리가 더욱 많은 순환과 더욱 많은 중심과 주변들의 복잡한 결과, 더욱 많은 네트워크들의 과대한 비정상적 특징들로 아는 도시로 될 수 있는가? 우리는, 마크 오제(Marc Augé)나 프랑수아 아셰(François Ascher)의 말을 빌자면, 존재의 다른 모드의 가장자리 보다는 수퍼—혹은 하이퍼모더니티, 그리고 수퍼—혹은 하이퍼모던 도시들의 상태 내에 있을 수 있는가? 6

여기서 나는 디지털 시대의 도시를 그것의 모던, 수퍼-혹은 하이퍼모던 상태와 구분 짓는 세 가지 특징들을 제시하고 싶다. 첫 번째는 도시적 삶과 도시 양식들의 더욱 더 개인적인 특성을 고려한다. 발전에 대한 자신들의 기대와 마찬가

3 Melvin M. Webber, "The Urban Place and the Nonplace Urban Realm," in M. M. Webber, J. W. Dyckman, D. L. Foley, A. Z. Guttenberg, W. L. C. Wheaton, C. Bauer Wurster, *Explorations into Urban Structure* (Philadelphia: University of Pennsylvania Press, 1964), pp. 79-153.
4 Steve Woolgar (ed.), *op. cit.*
5 Katie Hafner, *The Well: A Story of Love, Death and Real Life in the Seminal Online Community* (New York: Carroll & Graf, 2001).
6 Marc Augé, *Non-Places: Introduction to an Anthropology of Supermodernity* (Paris: 1992, English translation London, New York: Verso, 1995), François Ascher, *La Société Hypermoderne: Ces Evenements Nous Dépassent, Feignons d'en Etre les Organisateurs* (La Tour d'Aigues: Editions de l'Aube, 2004).

지로 자신들의 매일의 수행들 속에서, 도시들은 개인적 선호와 행태, 전략들에 점점 더 의존하게 되었다. 개인을 확인하는 데에 사용되었던 생물 측정학 데이터베이스로부터 수많은 도시인들에게 생동적인 것으로 되어 버린 휴대 전화와 개인용 디지털 보조기들에 이르기까지 디지털 기술들은 개인화의 이러한 과정에서 유용하다. 두 번째의 창발적 현상은 온라인 스토어에서부터 멀티유저 덩전이나 MUDs, 혹은 소셜 네트워크로부터 체험적(immersive) 아트 프로젝트에 이르기까지 가상공간의 급속한 발전과 관계가 있다. 물리적 현실에서 낯설게 되는 것과는 전혀 다르게, 이 공간들은 실제적으로 전통적인 3차원적 현실과 점점 더 인터페이스 되거나 심지어는 혼성됨으로써 디지털 기술의 부상을 비물질화의 과정으로 해석하는 것은 불가능하게 된다. 도시들의 미래는 증가된 현실의 포괄적 명칭 아래에서 종종 포함되는 그러한 인터페이스나 혼성 상황들의 증식에 의존하는 듯이 보인다.

아마도 가장 근본적인 디지털 도시의 마지막 특성은 도시적 삶의 결정적 요소들과 도시 발전의 기대로서의 사건과 발생들의 중요성이다. 현대 도시들은 일상의 기후와 교통 상황으로부터 축제, 주요 스포츠 경기, 혹은 정치적 집회 같은 고도로 특별한 순간들에 이르기까지 아우르는 이 다중의 발생과 사건들을 포괄한다. 디지털 도구들은 이것들을 광고하고 그것들의 전체적 시야를 노출시키는 데에 전반적으로 필수적이다. 그것들은 또한 많은 경우에 자신들을 전통적 계획들에 치환하려 하는 진화의 더 넓은 시나리오 속으로 통합하는 데에서 유용하다.

더 많은 디테일 속에서 디지털 도시의 이 창발적 양상들을 리뷰하고 디지털 건축이 그것들에 어떻게 관련되는 지를 시험하는 가운데 건축은 질문되는 이슈들에서 다른 역할을 하게 된다. 세 가지의 경우들에서 관계들은 동일하지 않다. 건축이 증가된 현실을 다루는 실습과 반영들의 주요 요소들인 반면, 개인화나 사건들의 점진적 중요성에 대한 그것의 연관은 덜 직접적인 특성을 지닌다. 디지털 건축은 오히려 그것들의 발전에서 이끌어가는 요소라기보다는 두 가지 후자들과 협조 관계를 이룬다.

## 개인들의 도시

현대의 도시적 삶은 디지털 기술들과 함께 오는 증가하는 개인화를 고려하는 니콜라스 네그로폰테의 예견을 따르는 듯이 보인다.[7] 명백히 그것들은 자신들의 대량 확산 이전에 시작되었던 진화의 원인이 아니다. 휴대 전화와 개인용 디지털 보조기들의 발전 이전에 이 진화는 울리히 벡(Urlich Beck) 같은 사회학자들에 의해 확인되고 분석되었다.[8]

안구 스캔, 2008. argus456. BigStockPhoto.com 협찬.

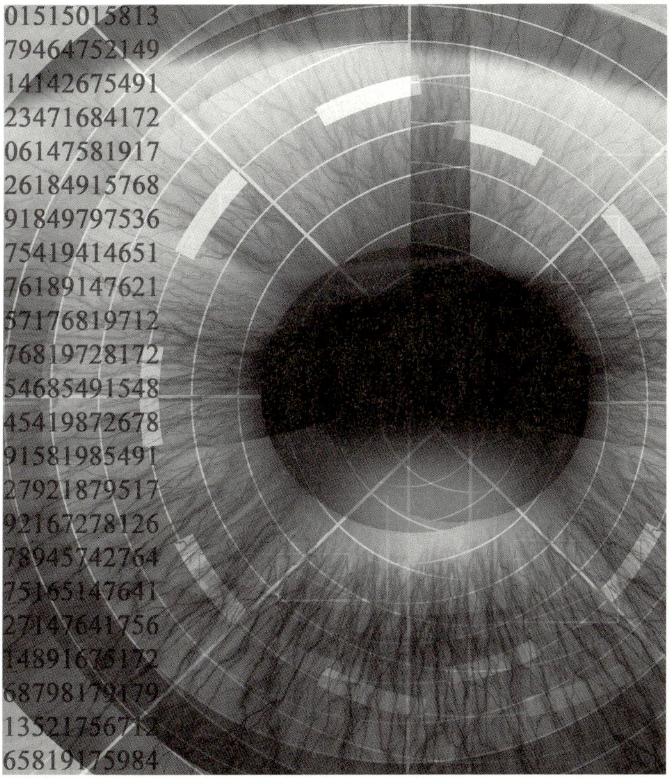

그러나 속도는 괄목할 정도로 빨라졌고, 그 결과는 이제 모든 이들이 볼 수 있다. 개인적 궤적들과 도시적 삶의 횡단면에서 디지털 차원은 다양한 수준으로 나타난다. 앞서 언급되었듯이, 그것은 개인들의 정확한 확인에서 유용하다. 개인 회사들과 마찬가지로 공공의 관리 역시 주로 보안상의 이유로 이것을 얻으려 노력한다. 지문은 이제 전산화된다; 홍채 스캔은 더 이상 공상 과학에 속하지 않으며, 우리는 DNA의 샘플링과 데이터베이스에의 저장이 일반화되기 직전에 있다. 컴퓨터 보조 확인의 시대가 신원

7 Nicholas Negroponte, *Being Digital*.
8 Ulrich Beck, *Risk Society: Towards a New Modernity* (Frankfurt: 1986, English translation London, Newbury Park, California: Sage Publications, 1992).

절도의 발전과 부합된다는 것이 주시되어야 한다. 디지털 시대의 주제는 결정과 제어를 자유, 그리고 그것과 함께 오는 직무 태만적 가능성으로부터 분리해주는 선각자를 따라 계속 움직인다.

당신이 누구인지 체크하는 것과는 별도로, 디지털 기술들은 또한 당신이 어디에 있는지를 산정하는 것에서도 유용하다. GPS는 상업용 자동차들에서 일반적인 양상으로 되었다. 많은 휴대폰들은 자신의 사용자들이 그들의 정확한 위치, 즉 플랜 제공자 역시 신호 발신지의 삼각 측량에 기초한 동일한 기술을 통해 사용자들의 위치를 안다는 이유에서 휴대폰 사용자들에게 금지되지 않은 방식에 의한 정보를 알도록 허용해준다. 도시 리듬의 동역학적 지도 제작은 휴대폰 회사가 수집한 정보들을 사용하는 것이 제안되었다. MIT에서 카를로 라티(Carlo Ratti)의 SENSEable City 연구실은 로마에서의 전화 연결의 강도와 분배를 지도 제작했다.[9] 이런 접근을 사용하여 그들은 마돈나 콘서트 관중의 움직임을 도보나 대중 교통 수단에 의한 도착부터 이벤트 이후의 분산에 이르기까지 분단위로 끊어지지 않고 추적할 수 있었다. 프랑스 전화기 회사 오랑주(Orange)와 컨설팅 회사 파베르노벨(faberNovel)에 의해 개발되어, 도시의 군중화(Mobs) 기술은 비교될만한 업적으로 이끌었다. 그것의 창조자들은 파리에서의 월드 뮤직 데이 동안의 휴대폰 움직임이나 유럽 축구 챔피언십 2008년 최종 결선 동안 마드리드에서 발신된 전화 연결들을 지도 제작했다.[10] 동역학적 국지화는 잠재적 고객

SENSEable City Laboratory, MIT, 2008년 8월 마돈나 콘서트 동안 로마에서의 전화 연결들. SENSEable City Laboratory.

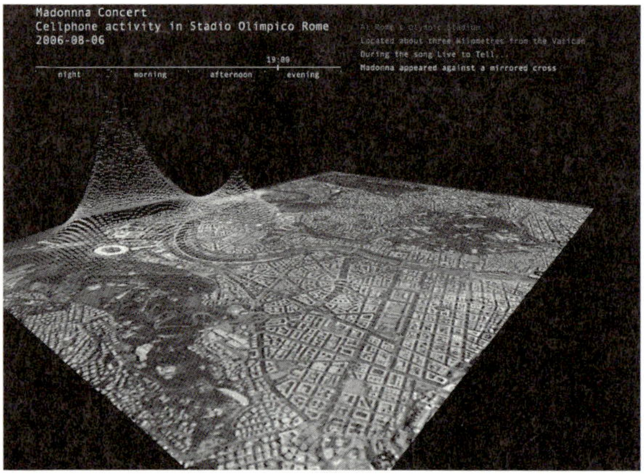


9 Francesco Calabrese, Carlo Ratti, "Real Time Rome", in *Networks and Communication Studies*, vol. 20, no. 3-4, 2006, pp. 247-258.
10 *http://www.urbanmobs.fr/en/* (2009년 1월 20일 방문).

감시용 카메라, 2009. Rikke. BigStockPhoto.com 협찬. 감시는 디지털 매체 도시의 기본적 차원이다.

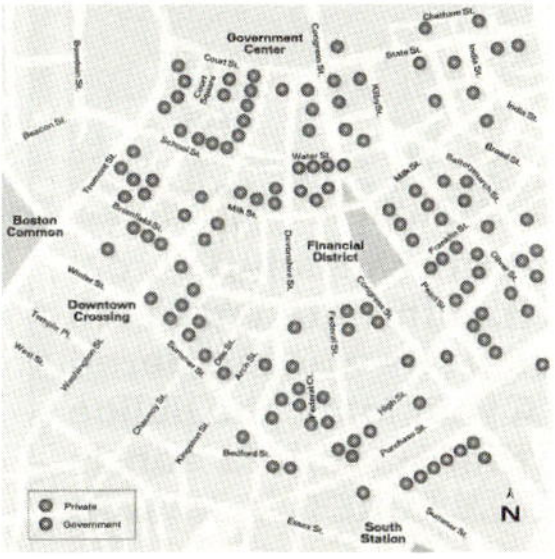

CCTV에 찍힌 4명의 "무차별 장난 공격자들"(happy slappers). 감시는 제어의 기술뿐만이 아니다. 그것은 더 낫고, 더 나쁜 것을 위해 새로운 자발적 행태들로 이끄는 개인적, 사회적 조건들과 동의어로 되었다.

들에 접근하려 하는 회사와 도시 관료들 모두에게 거대한 가능성을 연다. 전자는 곧 자신들의 배치 속에서 도시적 수행의 더 나은 이해를 제공해 줄 모든 종류의 실시간 지도를 가지게 될 것이다. 기술은 공간들의 전자적 태그(tagging)와 결합되어 후자로 하여금 자신들의 개인적 취향과 행태들에 맞는 상업적 정보를 휴대폰과 개인용 디지털 보조기의 사용자에게 제공하는 것을 또한 가능하게 할 수 있을 것이다. 그 과정은 애플 아이폰 같은 스마트 폰과 함께 이미 시작되었다.

사람들이 누구고, 어디에 있는지를 아는 것과는 별도로, 그들이 하는 것을 알 가능성이 다가온다. 개인들의 도시는 또한 확장되고 전반적으로 컴퓨터 보조되는 감시로 특징되는 도시이기도 하다. 이러한 감시는 두 가지 형태를 보인다. 물리적 신체들은 존재가 행정 기관과 은행들의 즉각적인 주변을 훨씬 넘어 확장되는 점점 증가하는 수많은 보안 카메라들을 통해 관찰된다. 전자적 선호, 사용의 움직임과 패턴들은 그것들로서 모든 종류의 인터넷 서비스에서 모니터되고 저장된다. 감시는 수동적 조건 뿐만이 아니다; 행동에 대한 포상으로 내부화되고 변형되어 그것은 놀라운 사진들로 가득 찬 소셜 네트워크 사진 앨범들 같은 전반적으로 악의가 없는 소셜 네트워크로부터 누군가가 예상 못했던 희생자를 공격하고 그동안 공범이 주로 휴대폰 카메라를 이용해 그 공격을 디지털적으로 녹화하는 "무차별 장난 공격"(happy slapping) 같은 폭력적 행위들에 이르기까지 특별한 행태들을 낳는다. 이러한 행위들이 공통으로 가지는 것은 잠재적으로, 혹은 실제적으로 관찰을 당하는 것의 중요성이다. 더욱 일반적 수준에서 감시는 자발적인 사적, 공적 행위를 위한 새로운 기초를 제공한다. 감시가 없이, "영리한 군중"(smart mobs), 혹은 "깜짝 모임 군중"(flash mobs) 같은 것들, 이메일이나 문자 메시

제이콥 + 맥팔레인 (Jakob + MacFarlane), 레스토랑 조르주 실내, 2000. Jakob + MacFarlane 협찬.

Office dA, BanQ 레스토랑, 2008. 사진: 존 호너 (John Horner)

지에 의해 촉발되며, 행위 예술을 연상시키듯 이러한 갑작스런 집합적 모임들은 동일한 범주와 의미를 가지지 않을 것이다.[11]

정체성, 결정, 감시를 넘어서, 디지털 기술들은 또한 개인들에 의해 자신들의 전유화를 육성하며 도시들의 재형성에서 결정적 역할을 한다. 그것들은 야망으로부터 현실적인 상업적 의제들을 위한 수많은 최근의 도시 개발에 의해 위험에 빠진 집합적 차원의 복원에 이르기까지의 많은 이유들로 인해 감각적으로 자극적인 환경을 창조하는 데 이용되는 다양한 전략들에서 특히 유용하다. 결국 디지털 시대의 개인성은 대량 주문된 소비와 마찬가지로 시민적 목표를 추진하기 위해 이동 가능하게 될 수 있는 새로운 감각적 감수성과 함께 간다. 컴퓨터들은 이미 시각적, 음향적 환경의 창조에서 매우 유용하다. 그것들은 후각과 미각, 촉각의 감각들에 연결된 새로운 영토들을 침범하기 시작했다. 그것들의 침투적 존재는 우리가 지난 장에서 길게 야기했던 새로운 물성의 창발이라는 또 다른 징후를 만든다. 이 새로운 물성은 시각적 코드의 진화나 추상과 구체성 사이의 구분의 흐림 같은 현상을 통해서만 자신을 표현하지 않는다; 그것은 우리의 전체적인 감각적 경험을 포함한다.

디지털 건축은 자신의 현재 발전 단계에서 내가 방금 야기한 맥락에 어느 정도로 공명하는가? 지금까지 대답은 주로 감각적 자극의 관점에서 도시의 재형상화에 대한 그것의 참여에 있었다. 재질과 색에 대한 새로워진 흥미, 그리고 행인에 대한 거의 촉각적 어필로 인해, 디지털 디자인은 감각들의 만족을 향해 명백히 준비가 된 상태이다. 이러한 연결은 특히 복잡한 디지털 생산된 기하학으로 종종 향하는 첨단의 식당이나 패션 부티크 같은 건물 프로그램에서 명백하다. 이런 경향은 알리 라힘(Ali Rahim)의 상하이 리복 부티크, 아마르 엘루에이니(Ammar Eloueini)의 파리 이세이 미야케 me 부티크, 제이콥 + 맥팔레인(Jakob +

11 Howard Rheingold, *Smart Mobs: The Next Social Revolution* (Cambridge, Massachusetts: Perseus Publishing, 2003).

장-질 데코스테르(Jean-Gilles Décosterd) 와 필립 람(Philippe Rahm), "호르모노리움"(Hormonorium), 8차 베니스 건축비엔날레, 2002 스위스관 설치. 사진: 니클라우스 슈타우스, 취리히.

MacFarlane)의 파리 퐁피두 센터 최상층에 있는 조르주 레스토랑, 딜러 스코피디오(Diller Scofidio) + 렌프로(Renfro)가 뉴욕 시그램 빌딩의 석재 기초에 디자인한 맥주집, 혹은 Office dA의 보스톤 BanQ 레스토랑 같은 작품들로 잘 도해된다. 디지털 건축 계획과 런던, 뉴욕, 파리, 도쿄 같은 메트로폴리탄 도시에서 발전된 혁신적 식당 문화 사이의 연결은 특히 괄목할 만하다.[12] 사회학자 프랑수아 아셰가 논의했듯, 음식을 둘러싸고 발전되었던 새로운 경향, 영어에서 유래된 단어인 프랑스어 "fooding" (food + feeling)에 의해 종종 의미되는 경향보다 현대의 "하이퍼모던" 한 도시 조건을 더 잘 드러내는 차원은 거의 없다.[13] 더 이상 단순한 먹기가 아닌 fooding은 독보적인 분위기가 중요한 역할을 하는 더욱 세계적인 경험에 대한 요구에 기초한다. 디지털 건축은 그 특별한 형태와 물질, 색채, 재질 등의 어필로써 그러한 의제와 잘 부합된다.

12 예를 들어 Karen A. Franck (ed.), "Food + the City", *Architectural Design* (London: Wiley-Academy, 2005)을 볼 것.
13 François Ascher, *Le Mangeur Hypermoderne* (Paris: Odile Jacob, 2005).

현대의 디지털 문화에서 다양한 감각들 사이의 새로운 종합에 대한 갈망은 때로 내가 방금 야기시켰던 유형의 연결보다도 훨씬 더 확장된다. 스위스 건축가 필립 람(Philippe Rahm)에게 그것은 날씨와 기후에 연관된 감각들의 영역을 포함한다.[14] 2002년에 람은 장-질 데코스테르(Jean-Gilles Décosterd)와 협력하여 8차 베니스 비엔날레 스위스관의 설치에서 이런 접근으로 흥미로운 표현을 했다. 그것은 "호르모노리움"(Hormonorium)으로, 수천 개의 형광 튜브들로 만들어지는 강렬한 빛과 높은 고도의 환경에 적응하도록 산소가 감소된 대기를 조합함으로써 알프스 3,000미터 고도의 대기 분위기를 북돋우도록 의도되었다. 더욱 최근

필립 람, 탈영토화된 영토(Terroirs Déterritorialisés), VIA를 위한 설치와 가구 디자인, 파리, 2009. A. Dupuis / VIA. 가구는 매우 낮고, 매우 높은 조각들 모두로 구성된다. 그것들은 사용자들이 바닥에서부터 천장까지 온도 구배의 완벽한 장점을 취하도록 허용한다.

14 Gilles Clément, Philippe Rahm, *Environ(ne)ment. Manières d'Agir pour Demain* (Milan: Skira, Montreal: Canadian Centre for Architecture, 2006).

에 프랑스 재단 VIA를 위한 야심적 계획에서 람은 프랑스에서 산업혁명이 시작되기 조금 전인 19세기 초의 파리에서 유행했던 공기의 특별한 자질의 복원에 착수했는데, 그것은 대기의 습도나 증기 기관과 공장 연기들이 지배하기 이전의 도시의 중심부로 부는 바람이 전달하는 숲의 향기 유형 같은 고려들을 포함하는 계획이었다.[15] 이런 종류의 기획은 1960년대와 1970년대 초를 특징지었던 체험적 감각 환경들에 대한 추구를 다시 불러일으킨다.[16] 큰 차이는 오늘날 그것에 부착된 강한 개인적 차원 속에 존재한다. 의미심장하게 람의 최근의 계획은 혁신적 가구의 디자인을 포함하는 새로운 생활 방식의 연구에 연관된다.

마이크 데이비스(Mike Davies)의 독해가 디지털 건축과 감시 사이의 연결을 고려하여 고무시킬 수 있는 염세적 시나리오에도 불구하고,[17] 이것은 그렇게 멀리 떨어져서 생기는 것이 아니다. 컴퓨터들이 도시에서 폭 넓게 제어 목적으로 확대되어 사용되는 반면, 공간들의 디자인에 대한 그것들의 영향은 또 다른 방향을 따른다. 감각들의 만족은 감시의 팬옵틱한 꿈들을 유도했다. 브루노 라투르(Bruno Latour)가 설득력 있게 논의했듯, 현대의 감시는 거의 결정적으로 부분적이며 국지적이고, 결론은 파울 란다워(Paul Landauer) 같은 도시 제어 전문가에 의해 동일하게 시인된다.[18] 디지털 건축의 계획은 더욱 세계적이다. 새로운 물성의 추구와 연결되어, 그것은 도시의 감각적 경험의 전체적 재형상화를 목표로 한다.

그러나 강력한 경고가 도입되어야 한다, 왜냐하면 감시가 미래의 디지털 건축 발전의 주요 양상으로 되지 않을 것이란 어떤 보장도 없기 때문이다. 가상적이고 증대된 현실들의 중요성은 이런 진화를 촉발할 수 있는 요소들 사이에 있다, 왜냐하면 가상적이고 증대된 현실들은 감시의 영역 속에서 완벽한 적용을 나타내기 때문이다.

15 Antoine Picon, "Un Art de la Provocation Durable/An Art of Sustainable Provocation", in *Les Aides à la Création VIA 2009* (Paris: VIA, 2009), pp. 34-35.
16 예를 들어 Alastair Gordon, *Spaced Out: Radical Environments of the Psychedelic Sixties* (New York: Rizzoli, 2008)을 볼 것.
17 Mike Davies, *City of Quartz: Excavating the Future in Los Angeles* (London, New York: Verso, 1990).
18 Bruno Latour, Emilie Hermant, *Paris Ville Invisible* (Paris: Les Empêcheurs de Tourner en Rond, La Découverte, 1998), Paul Landauer, *Ordre Dispersé: Les Nouvelles Conceptions Urbaines de la Sûreté* (Paris: Plan Urbanisme Construction Architecture, 2008).

## 증대된 도시적 현실

과거에 엄청난 양의 문학들이 가상공간의 발전과 그것들의 건축에 대한 영향에 바쳐졌다. 동시에 우리는 건축이 항상 단지 구축 현실의 예견으로서, 혹은 잠재적 현실로의 계획의 중요성 때문에 가상 영역에 연관을 가졌다는 것을 염두에 두었어야 했다. 다시 말해 계획은 단지 가상성일 뿐이다.

독일의 예술사가 올리버 그라우(Oliver Grau)가 상기시키듯, 로마 주택의 환영적 장식으로부터 바로크의 시각적 현혹 천장과 큐폴라들에 이르기까지, 체험적 공간(immersive space)의 개념은 건축 자체만큼이나 거의 고대적인 어떤 것이다.[19] 시작부터, 건축학은 말하자면 거울의 다른 면에 위치한 전 영역의 자원들로부터 자라났다.

사이버 공간의 발전은 그러나 적어도 두 가지 유형의 이유들로 인해 건축적 가상성의 이런 이전의 형태들로부터의 이탈을 기록한다. 첫 번째는 새로운 전자적 가상현실이 바닥부터 사회적이며, 배우들 사이의 조우와 교환의 셀 수 없는 가능성들로부터 분리될 수 없다는 사실과 관계된다. 이 배우들을 인간들, 혹은 시스템 유지로부터 사용자의 보조에 이르기까지 웹상에서 일련의 특별한 업무를 수행하는 웹 로봇, 혹은 "봇" 같은 전자적 실체가 되도록 하자. 그러나 가상현실의 사회적 특성은 매우 특별한 본성을 지닌다, 왜냐하면 상호 작용의 규약은 자발적인 사회적 자동-조직 과정의 결과로 되는 대신 전반적으로 디자인되기 때문이다.

뤽 쿠르세스네(Luc Courchesne), 초상화 1, 1990, 상호 작용적 비디오 설치. 뤽 쿠르세스네 협찬. 상호 작용은 오늘날 가상현실의 주요 요소이다.

19 Oliver Grau, *Art: From Illusion to Immersion* (Cambridge, Massachusetts: MIT Press, 2003).

제프 황(Jeff Huang), 뮈리엘 발트포겔(Muriel Waldvogel), 매사추세츠 케임브리지 내의 스위스 주택, 2000. 제프 황, 뮈리엘 발트포겔.

과거와의 또 다른 주요 차이는 전자적 가상현실이 물리적 세계와 연관되는 방식 속에 있다. 환영적 세계에 대한 예견과 그 속으로의 체험과는 별도로, 많은 다른 유형의 관계들을 건축이 고려해야 하는 것으로 나타났다. 원격 실재(telepresence)는 아마도 가장 놀라운 것들 중의 하나일 것이다. 원격 회의로부터 원격 수술에 이르기까지, 사이버 공간이 가능케 한 원격의 상호 작용은 통상적으로 되었다. 그러한 상호 작용들 속에서 공간은 거리가 극복되어야 할 장애라는 점에서 부인되는 동시에 물리적, 전자적 현실의 혼합으로 재창조되었다. 다른 유형의 관계들은 교훈적 본성으로 될 수 있다. 결국 물질이나 원리에 명쾌함을 가져다주기 위해 어떤 것도 공간적 비유를 대체하지 않는다. 전자적 상행위는 전자와 물리적 세계 사이의 또 다른 일련의 가능한 분절들에 부합한다. 우리는 그러한 예들을 배가시킬 수 있다. 오늘날, 공간이 근본적인 역할을 하게 되는 실제와 가상 사이의 관계들은 극도로 다양해졌다.

건축의 영역을 넘어서서, 물리적 현실로부터 자율적으로 되는 것과는 거리가 멀게, 전자적 현실이 대부분의 경우에 그것과 혼성되는 것을 보는 것은 놀랍다. 두 개의 느슨하게 연결된 세계들과 직면하는 대신, 우리는 오히려 물리적인 것과 전자적인 것이 점점 더 상호 작용하는 증대된 현실을 다루어야만 한다. 스마트 폰은 강화된 상호 작용의 이런 상황을 상징한다.

전자적으로 장비를 갖춘 개인들의 도시, 현대의 디지털 도시는 또한 증대된 현실의 침투성으로 특징지어질 수 있다. 이 침투성은 복합적 계획의 결과가 아니다. 벽돌의 도시를 체계적 방식으로 전자적 영역 속으로 확장하려한 암스테르담 1994 디지털 도시(De Digitale Stad) 같은 세계적 계획들이 연 노선을 도시적 진화가 어떻게 따르지 않았는지를 보는 것은 놀랍다. 분산되지만 종종 기술적으로 양립할 수 있는 주도권들의 결과로, 오늘날의 증대된 현실은 단편화된 동시에 상호 연결이 가능하다.

그러한 맥락 속에서 건축은 스마트 폰과 개인용 디지털 보조기들 만큼 전략적인 중재 수준으로 나타난다. 그것은 증대된 현실이 제공한 가능성들의 장점을 취하기 위한 많은 기회를 제공한다. 이런 가능성들의 어떤 것들은 진보된 원격 실재를 가능하게 해주는데 필수적인 것 같은 구체적 변형들을 함축한다. 예를 들어 우리는 물리적으로 참석한 반수의 참여자들과 멀리 떨어진 장소의 나머지 반수의 참여자들로 이벤트가 이루어질 수 있도록 디자인된 방들을 상상해 볼 수 있다. 이것은 제프리 황(Jeffrey Huang)의 매사추세츠 케임브리지에 있는 스위스 주택의 주요 양상들 중의 하나이다. 2000년도에 문을 연 이 시설은 스위스 주재원들을 그들의 고향의 장소와 사람들에게 연결해주는 능력으로 인해 종종 "디지털 영사관"으로 소개된다. 증대된 현실은 대부분의 경우에 전자적 내용물을 갖춘 물리적 환경의 풍부함에 기초한다. 파사드는 거대한 스크린으로 인식되어

조나단 몽크(Jonathan Monk), "스팟"(SPOTS), 베를린 포츠다머 광장, 2006. 사진: 베른트 히페(Bernd Hiepe). 18개월간 이것은 다양한 예술적 프로그램들을 보여주는, 세계에서 가장 거대한 미디어 파사드들 중의 하나였다.

디지털 미디어 시티를 위한 기호 개념, 한국 서울. 데니스 프렌치맨(Dennis Frenchman), 라이닝 겡(Lining Geng), MIT 협찬.

그러한 목적에 쉽게 이용될 수 있다. 뉴욕의 타임 스퀘어나 도쿄의 신주쿠 같은 기존의 도시적 시퀀스들에 영향을 받아 이러한 원근은 서울의 디지털 미디어 시티를 위한 MIT 기호 개념이나 베를린의 포츠다머 광장에 위치한 스팟 미디어와 빛 파사드 같은 계획들로 실험되었다.

많은 경우들에서 문제가 되듯이 보이는 것은 컴퓨터, 휴대 전화, 개인용 디지털 보조 스크린들을 넘어선 인터페이스의 일반화이다. 궁극적으로 그러한 일반화는 스크린들이 오늘날 이미 이동 가능화하고 있는 시각과 촉각의 감각들 보다 더 많은 것을 포함할 것이다. 디지털 개인의 풍부하고 복잡한 감각적 요구들을 검토하려는 시도들은 증대된 현실의 원천들로 작동하려는 전망으로 수렴된다.

물리적 공간과 전자적 공간을 결합하기 위해 사용되는 다른 기술들은 즉각적인 건축적 변형을 요구하지 않는다. 전자 태그(tagging)–그것이 국지화된 내용으로 스마트 폰 같은 이동식 터미널을 가능하게 해주는 만큼, 앞으로 더욱 더 중요한 역할을 하게 될 실습–는 특별한 디자인 요구사항들에 부합되지 않는다. 그것의 건축적 함축들은 그럼에도 불구하고 심오하다, 왜냐하면 태그는 그것을 정보와 연결함으로써 공간에 새로운 자질을 허용할 수 있지만, 또한 개인의 디지털 인터페이스들을 통해 전달될 수 있는 이미지와 음향들도 허용할 수 있기 때문이다.

태그 공간들, 그리고/혹은 사람들과 그들의 부속물들의 오래된 결과들 사이에서 우리는 칸막이들의 역할을 약화시키려는, 그리고 심지어는 외부와 내부 사이의 구분을 연화하려는 경향과 조우한다, 왜냐하면 벽들은 물리적 장애물보다는 전자적 경계들에 의해 결정되는 윤곽 속에서 자신들의 적절성의 부분을 상실할 수 있기 때문이다. 딜러 스코피디오 + 렌프로는 2002년 스위스 엑스포 블러 빌딩에 대한 그들의 초기 안에서 그러한 진화를 예견했다. 결국 계획의 초기 단계에서 벽들의 억제는 서명된 "브레인코트"(braincoats)의 시스템 속에서 그 등가물을 발견했다. 건물을 방문하기 전에 취해진 질문들 속에서 방문객들에 의해

딜러 스코피디오 + 렌프로, 2002년 스위스 엑스포를 위한 블러 빌딩, 이베르동 르 뱅(Yverdon-les-Bains), 스위스, 전경. 딜러 스코피디오 + 렌프로 협찬.

딜러 스코피디오 + 렌프로, 브레인코트. 딜러 스코피디오 + 렌프로 협찬.

결정된 선택에 연관된 정보를 전달하며, 그 "브레인코트"들은 다른 방문객들의 윤곽들 사이의 유사함이나 다름에 따라 그들의 존재에 반응하도록 되었다. 수천 개의 안개 노즐들로 발생된 구름의 한 가운데에서 태그는 그러므로 방문객들의 하부 그룹들을 결정하고 그 그룹들 사이의 교환을 조장함으로써 전통적인 건축적 칸막이를 대체하도록 되었다.

내가 방금 야기한 대부분의 기술들은 그것들의 다양성에도 불구하고 디지털 건축의 수행적 경향의 통합적 부분인 상호 작용에 관한 관심의 일반적 분모를 공유한다. 인터페이스 되거나 태그 됨으로써 건축 공간은 더욱 더 물리적이건 전자적이건 인간 존재에 반응하도록 가정된다. 자신의 반응성을 통해 건축은 창발하는 디지털 도시의 세 번째 특성과 깊게 부합된다: 현대 도시 생활의 진정한 기초로서의 발생과 사건들의 중요성.

## 사건, 시뮬레이션, 시나리오

발생과 사건과 동의어가 된다는 것은 도시에서 무엇을 의미하는가? 도시의 지도 제작을 통해 우회를 함으로써 그 질문에 대해 계몽적 도입을 시도해볼 수 있다. 결국 도시의 지도 제작은 그것을 단지 재현하는 것만이 아니라 그것을 의미 있게 만드는 것이기도 하다. 지도는 무엇인가에 대한 단순한 재현이 아니다; 함축적 방식으로건 명시적 방식으로건, 그것은 실제로 중요한 것, 지켜져야 하는 것, 변형되어야 하는 것이 무엇인지, 그리고 그 방향은 무엇인지 등의 경우를 만든다.[20] 그러므로 도시 역사를 통틀어 지도는 풀릴 수 없을 정도로 평가와 계획들을 다루어 왔다. 르네상스 시기에 많은 지도들은 도시의 초상화를 그리고 주요 기념비들을 그리도록 의도되었다. 17, 18세기에 지도는 도시의 기하학의 재현, 그리고 구성 기법을 이용해 도시 조직의 합리화를 의도하도록 되었다. 19세기에 지도는 영토적 네트워크 같은 도시의 신 기술적 차원을 전달했다.[21] 어떤 유형의 지도들이 우리의 현대 도시의 의미를 이해할 수 있을 것인가?

시스템 서프 2000. 파리의 행정 구역과 마을들. 스크린은 제어 카메라들의 국지화와 마찬가지로 파리의 실시간 교통 상황을 보여준다.

도시들이 무한한 실체들로서 믿을 수 없을 정도로 복잡하게 되었기 때문에, 전통적 지도 제작 도구들은 더 이상 적절하지 않게 되었다. 우리는 네트워크들의 중첩이 전통적인 재현 도구들을 사용해서는 역사적 도심조차 이해하기 어렵게 만드는 파리 같은 도시를 어떻게 지도 제작할 것인가? 현대의 지도들은 전체적 현상들이나 개인적 경험들 중에 연결된 두 가지 유형들 가운데에 있을 것이다. 두 가지 모두는 디지털적으로 생산되고 전시된다.

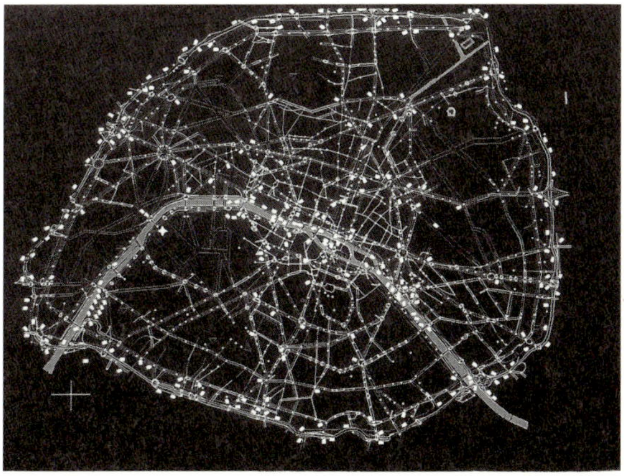

20 John Pickles, *A History of Spaces: Cartographic Reason, Mapping and the Geo-Coded World* (London, New York: Routledge, 2004).
21 Antoine Picon and Jean-Paul Robert, *Le Dessus des Cartes: Un Atlas Parisien* (Paris: Pavillon de l'Arsenal, Picard, 1999), Antoine Picon, "Nineteenth-Century Urban Cartography and the Scientific Ideal: The Case of Paris", in Sven Dierig, Jens Lachmund, J. Andrew Mendelsohn (eds.), *Science and the City. Osiris no. 18*, 2003, pp. 135-149 참조.

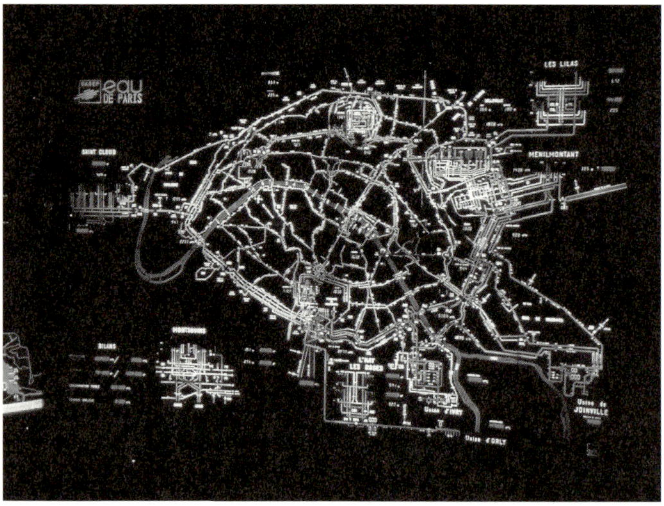


Societe Anonyme de Gestion des Eaux de Paris의 제어실(SAGEP), 파리의 물 공급 회사, SAGEP. 다시 한 번 도시 기술 체계의 최근 상황은 실시간으로 시각화될 수 있다. 제어실은 원형 감옥의 현대적이고 특별화된 등가물로 볼 수 있다.

전체 지도들은 제어실의 원근으로부터 도시를 보여주는 역동적 재현들이다. 파리의 경우에 중앙 레벨에서 순환 체계를 정리하기 위해 수송 관리처가 사용하는 핵심 도시 내부와 주변의 전체 지도가 있다. 이 지도의 하위 버전은 로아시와 오를리 공항에서 인터넷이나 텔레비전 스크린 상에서 검색할 수 있다. 다른 디지털 생산된 전체 지도들은 도시의 가로들 내의 보안의 현재 수준을 재현하기 위해 감시 카메라와 결합되어 경찰에 의해 사용된다. 또 다른 것은 물 시스템의 상황을 보여준다. 브루노 라투르가 정확히 지적하듯, 전체(global)란 용어는 여기서 잘못 사용되고 있다, 왜냐하면 이 지도들은 도시의 모든 양상들을 전혀 재현하지 않고 단지 선택된 원근만을 재현하기 때문이다.[22] 라투르는 그러나 이 선택적 특징이 항상 지도들의 진실이었다는 것을 잊으려 한다.

최근에 더욱 중요하게 되고 있는 도시 재현의 두 번째 범주는 국지적이거나 개인적 경험들의 지도이다. 이런 재현들을 가장 잘 상징하는 것은 개인용 디지털 보조기들이나 GPS 상에서 나타나는 지도들이다. 이 지도들은 우리에게 우리의 여정 중에 제공되는 바로 가까운 가능성들로써 우리가 경험하듯 도시를 보여준다. 얼마나 다양한 현대의 예술가들이 매일 매일의 도시적 경험을 지도화하려는 가능성에 유사하게 강박적으로 되었는지를 주목해보는 것은 가치 있는 일일 것이다. 이러한 강박은 어떤 식으로든 지도를 강하게 연상시키는 도시인들

22 Bruno Latour and Emilie Hermant, *Paris. Ville Invisible* (Paris: Les Empêcheurs de penser en rond, La Découverte, 1998).

의 개인적 감각과 인식들을 전달하는 수백만 개의 블로그들에서 반향 된다.

오늘날의 주요 도전들 중의 하나는 감시로부터 상업적 이슈에 이르기까지의 다양한 이유들로 인해 전체와 개인적 수준들을 통합하는 방식들과 관련이 된다. 많은 관점들에서 이것은 이러한 통합을 가능하게 만드는 주요 요소로서 휴대폰을 사용하며, SENSEable City Laboratory나 Urban Mobs 지도들이 얻으려 하는 것이다. 그러한 관점에서 개인 전화는 기본 픽셀들과 동의어로 되며, 통합은 줌 인과 줌 아웃의 가능성과 이상할 정도로 유사하게 나타난다.

휴대용 GPS 장치. 2005, Ximagination. BigStockPhoto.com 협찬. 개인에 나타나듯 나타나는 도시. 개인용 디지털 보조기와 스마트 폰 스크린에 나타나는 점점 더 주문 가능한 지도들과 실시간의 디지털 원형 감옥 사이에는 상보성이 있다.

전체와 개인적인 도시적 재현을 거의 이음새 없이 분절하기 위한 새로운 수단들에도 불구하고, 줌의 실습으로 의미되는 세계 속에서 살기 위해 그것이 의미하는 것을 상징하는 방식에서, 우리는 이 재현들이 디지털 기술에 의해 생산되는 것을 넘어 일반적으로 가지고 있는 것에 놀랄 수도 있다. 나는 그것들이 또 다른 기본적 자질, 말하자면 대상물이나 배치, 조직들 보다는 발생, 사건, 상황들을 지도화하는 자질을 공유한다고 제안하고 싶다. 우리가 도시 제어실에서 보는 것은 일련의 발생, 상황, 그리고 가능한 시나리오들이다. 비슷하게, 우리가 GPS를 통해 보는 것은 우리가 어디에 있고, 우리가 무엇을 했고, 우리가 무엇을 하려는지, 즉 달리 말하자면 사건들과 시나리오들에 밀접하게 연결이 된다. 두 가지 유형의 재현들 사이의 큰 차이점은 물론 스케일의 문제이다; 전자의 유형이 도시의 스케일에서 기능한다면, 후자의 유형은 개인의 스케일에서 작동한다. 그럼에도, 우리가 보아왔듯이, 이 스케일들은 더욱 더 독립적이다.

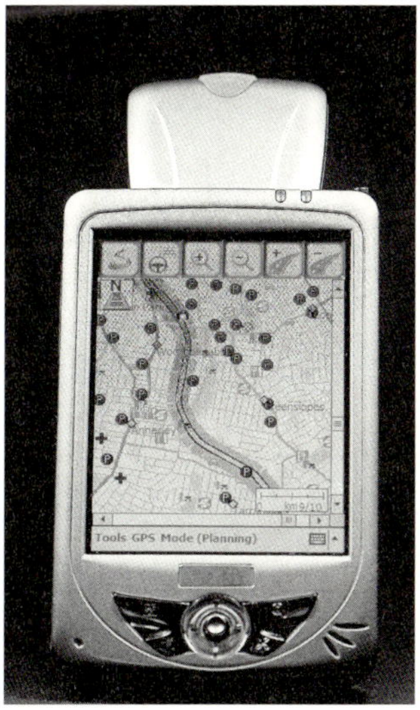

디지털 미디어는 도시 조직과 도시 생활의 사건에 기초한 인식의 육성에서 근본적 역할을 한다. 우리가 보아왔듯이, 컴퓨터의 최초의 주요 응용 프로그램들 중의 하나인 북미 미사일 방어 시스템은 핵 공격 같은 상황들을 수행자들이 보는 것을 허

용하도록 되었다. 역사가 폴 에드워즈(Paul Edwards)가 분석한 냉전적 원근 속에서 컴퓨터 스크린은 전시 작전실의 통합적 부분이었다.[23] 초기의 디지털 문화와 냉전 사이의 공모는 그것들이 사건들과 그것들의 시나리오 속으로의 가능한 통합 모두에 부여한 역할에 관련된다.

디지털 문화와 사건들 사이의 관계는 정보의 특별한 본성에 뿌리를 둔다. 철학자 피에르 레비(Pierre Lévy)가 우리에게 상기시켜주듯이, 최소한의 정보는 아무 것도 아니며 단지 발생, 기본적 사건일 뿐이다.[24] 그것은 일어나는 어떤 것으로 존재한다. 우리가 또한 보아왔듯이, 디지털 건축에 의해 취해진 수행적 변환은 정보화의 모드와 정확히 부합된다. 자신의 속성을 컴퓨터 스크린 상에서 결정하는 비트들과 마찬가지로 건축 형태도, 말하자면, 생겨난다.

사건들에 주어진 이 점진적 중요성은 컴퓨터화의 결과가 아니다. 컴퓨터들은 그것의 더 초기적 표현이 1950년대와 1960년대까지 일찍 건축과 도시적 영역에서 추적될 수 있는, 오히려 더 넓은 진화의 계시자로서 나타난다. 그 시대에 도시들과 그것들의 재현은 다양한 아방가르드 운동들에 의해 사건들의 시스템으로 이해되기 시작했다. 근대의 계획가들에 의해 착상된 도시의 무미건조함에 반대하며, 아키그램의 1963년 리빙 시티 전시는 하나의 구조, 즉 발생과 사건, 시나리오들의 생산을 가능하게 하는 전체적 환경으로서의 도시의 활력을 강조했다.[25] 아키그램은 사건들과 도시를 이해하는 가운데 사회학자 앙리 르페브르(Henri Lefebvre)의 일상생활의 개념, 그리고 무엇보다도 표류와 심리지리학을 통해서만 개발될 수 있는 상황들의 살아있는 매트릭스로서의 상황주의적(Situationist) 도시에 관해 의미심장하게 그렸다.[26] 기 드보르(Guy Debord)와 아스거 요른(Asger Jorn)의 유명한 "심리지리학적" 지도들 속에서 야기된 파리는 그러한 식으로 해석되었다. 상황주의 운동으로부터 배제되었을지라도, 네덜란드의 예술가 콘스탄트(Constant)는 사건들의 도시의 개념에 공간적 연속성을 주려 했던 자신의 뉴바빌론 계획 연작으로써 이러한 해석에 충실히 남으려 했다.[27] 거대 구조적 운

23 Paul Edwards, *op. cit.*
24 Pierre Lévy, *op.cit.*
25 *Archigram* (Paris: Editions du Centre Georges Pompidou, 1994), Hadas Steiner, *Beyond Archigram: The Structure of Circulation* (New York: Routledge, 1998).
26 Simon Sadler, *The Situationist City* (Cambridge, Massachusetts: MIT Press, 1998).
27 Mark Wigley, *Constant's New Babylon: The Hyper-Architecture of Desire* (Rotterdam: Witte de With Center for Contemporary Art, 010 Publishers, 1998).

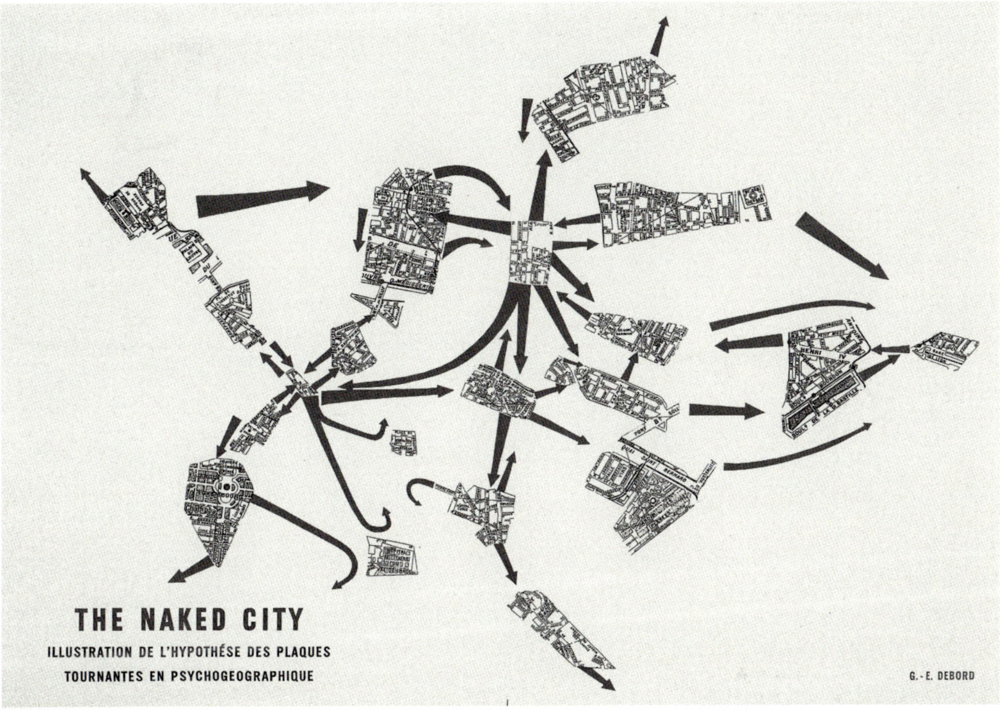


기 데보르, 아스거 요른, "The Naked City. Illustration de l'Hypothèse des Plaques Tournantes en Psychogéographique", 1958. Heidi Meister. 상황주의자들에게 파리와 같은 도시는 가능한 사건들과 시나리오들의 매트릭스로 나타났다.

동은 유사한 직관으로써 무작위적 조우와 상황들을 추진하기 위한 고안으로 종종 해석되는 거대 구조들과 함께 퍼져 나갔다. 이것은 이미 스미슨 부부의 골든 레인 계획에서도 마찬가지로 나타났었다.[28] 요나 프리드만(Yona Friedman)같은 건축가는 대양 횡단 여객선 데크 위의 여행객들과 같이, 사람들이 방황하고, 배회하고, 만나게 되는 그의 공간도시들에서 정신적으로 유사한 어떤 것을 가졌다.[29] 아키그램의 거대 구조적 산물도 비슷한 경로를 따랐다. 퐁피두 센터는 조우와 들뜸을 육성하도록 의도된 공중의 산보로써 아마도 이러한 비전에 의해 취해진 궁극적 형태들 중의 하나로 될 것이었다.[30]

28 Dominique Rouillard, *Superarchitecture: Le Futur de l'Architecture, 1950–1970* (Paris: Editions de La Villette, 2004).
29 Sabine Lebesque, *op. cit.*
30 퐁피두 센터의 야심에 관해선 Renzo Piano and Richard Rogers, *Du Plateau Beaubourg au Centre Pompidou*, Antoine Picon과의 대화 (Paris: Editions du Centre Georges Pompidou, 1987)을 참조할 것.

리우 데 자네이루 항의 죽은 생선들. AFP 포토/ 안토니오 스코르차(Antonio Scorza)

디지털 매체의 놀랄만한 발전은 무엇인가가 실제로 일어나는 공간이나 영역으로서의 도시에 대한 우리의 인식을 보강해주었다. 디지털 매체의 침투적 존재를 통해 우리의 삶은 도시들, 그리고 "일어나는 것"(what happens)으로서의 전반적인 세계에 대한 우리의 인식을 구성하는 수천 개의 사건들로 구조화된다. "일어나는 것"은 실제로 2002년에 파울 비릴리오(Paul Virilio)가 전시와 책을 위해 채택한 주제였다.[31] 그러나 그 계획의 주요 한계는 우리의 도시적 존재를 구조짓는 수백만 개의 일상의 사건들을 간과하며, 대홍수로부터 테러리스트들의 공격에 이르기까지 도시적 삶의 극적 사건들에만 초점을 맞춘 것이었다. 이 일상의 사건들은 현대의 도시적 모습을 특징짓는 다양한 축제와 의식, 게임을 포함할 것이다. 감시 기술들과 함께 제휴되어, 디지털 매체는 우리에게 주요 사건들로부터 교통 통보와 일기 예보 같은 순간의 발생들에 이르기까지 우리 도시 환경의 "해프닝-스펙터클"을 제공한다. 우리가 보아왔듯이, 도시적 지도화에서의 최근의 발전들은 이런 노선을 따라왔으며, 사건들을 기념비들이 하는 것만큼 우리의 현대 도시를 결정할 수 있는 랜드마크로서 고려한다.

31 Paul Virilio, *Ce Qui Arrive*.

나는 이제 그러한 접근으로부터 도시적 문제들에 이르기까지에서 생겨나는 약간의 어려움들을 서술하는 것만큼, 사건들의 시스템으로서의 도시의 약간의 차원을 야기하려 한다. 사건들의 반향은 개인화와 증대된 현실과는 별도로, 집중과 분산 사이, 혹은 지역과 전체 사이의 대립에 집중하는 대신, 디지털 시대 도시의 세 번째의 구별되는 양상으로 보여질 때 더욱 생산적인 입장을 취한다.

그러나 사건들의 도시를 다루기 이전에 우리는 아마도 현대적 사건들의 어떤 양상들을 명확히 해야 할 것이다. 우리가 오늘 "사건"이라 부르는 것은 다양한 면에서 용어의 이전 개념과는 다르다. 더 이전의 단계에서 전산 가능한 과정들은 전산 가능성과 예견 가능성 사이에 존재했던 연관으로 인해 실제의 사건들을 만들어내지 않았다. 전산 가능한 것은 동시에 예견 가능한 듯이 보였다. 우리는 이제 가장 예견할 수 없는 현상들이 종종 전산 가능한 과정에 기초하는 세계에 익숙하게 되었다. 금융 시장들은 수학적 공식에 기초한 자신들의 세련된 산물들로 아마도 이런 상황의 가장 훌륭한 예로 될 것이다. 비록 회고적으로 예견 가능할지라도, 그것들에 영향을 준 위기는 모든 사람을 놀라게 했다.

동일한 맥락에서 현대의 사건들은 우리가 사는 세계를 정의하는 데에 익숙한 편리한 이항 대립들을 초월했다. 예를 들어 사건들은, 재무 시스템의 경영과 같이, 문학적 플롯의 놀라운 반전과는 근본적으로 다른 양상으로서, 자신들의 예견 불능성과 불가항력 속에서 수수께끼와 같은 자연 현상들에 비교될 수 있는 반면, 그것들이 어떤 인간적 종말에 대한 의도적 적용에 의해 만들어지는 한 서사적이거나 메타 서사적이다. 이런 관점에서, 그리고 우리가 예상할 수 있는 것과는 반대되게, 이 사건들은 문학적 플롯이 가능하게 일어날 수 있는 것의 매트릭스로서 나타나는 「시간과 이야기 *Temps et Récit*」에서 철학자 폴 리쾨르(Paul Ricœur)가 그리는 것들과는 부합되지 않는다.[32] 그러므로 그것들은 인공적인 것과 자연적인 것 사이의 인정된 경계에 도전하며, 그들의 인식 속에서 심지어는 전산 가능성과 예견 불능성 사이의 새로운 제휴에 의해 육성된 그 두 가지 범주

32 Paul Ricœur, *Temps et Récit* (Paris: Le Seuil, 1983-1985).

들의 재구축을 요구한다.

마지막의 기록은 다른 수준들에서 기능하는 사건들로 될 것이다. 사건은 항상 한편으로는 언어를 벗어나고, 다른 한편으로는 소통의 상황을 벗어나는 순수한 감정 사이에 있다. 내가 이전에 언급했던 도시 지도들의 새로운 유형들과 비슷하게, 사건들은 개인적이거나 집합적인 수준에서 일어날 수 있다. 개인에게 사건들은 순수한 감각들에 밀접하게 될 수 있다. 실제적으로, 우리의 감각적 경험들은 우리들에게 일어났고, 우리 자신을 형상 짓는 사건 속으로 동화된다. 현대의 건축적 생산들의 전체 세트는 명백히 이런 새로운 감각적 차원에서 작동한다. 그럼에도 동시에 사건들은 우리의 정체성과 삶의 의식적 구성 내의 주요 요소들- 언어와 서사의 영역에 속하는 어떤 것- 일 수 있다. 블로그는 이런 현상의 가장 훌륭한 표현들 중의 하나이며, 심리지리학적 표류의 상황주의적 개념에도 가장 가깝다.

더욱 집합적인 수준에서 어느 정도 비슷한 구분이 집합적 분위기나 환경으로서의 사건과 전체적 서사나 시나리오의 요소로서의 사건 사이에서 만들어질 수 있다. 파리-해변(Paris-Plage)의 경우에 세느 강 둑을 모래와 종려나무들을 가진 해변으로 변형시키려는 연례행사는 심지어 단순한 분위기 이상으로, 사건은 도시의 미래에 관한 서사이다. 그것은 좋건 나쁘건 간에 다른 양상들 가운데에서 자동차의 포기와 레저에 기반을 두어 도시 센터로 접근하는 것을 개발하는 프랑스 수도에 관한 계획이다.

도시는 이 모든 대립적 양상들이 조화되는 장소로 되는 확산된 희망을 품는다. 도시는 거의 유기적인 삶으로 거주되고 플롯이 정해지도록 가정된다. 모더니스트의 계획에 대한 신념과 완벽히 반대되어, 도시의 유기적 자질에 대한 현재의 주장을 보는 것은 놀랍다. 콜하스의 포괄적 도시(Generic City)와 그것이 전달하는 라고스(Lagos)나 센젠(Shenzen) 같은 도시들의 장면에 대한 매료는 이런 경향들의 부분이다.33 동일한 맥락이 오늘날의 정치 과학을 특징짓는 도시적 정형화

33 Rem Koolhaas, Stefano Boeri, Sanford Kwinter, Nadia Tazi, Hans Ulrich Obrist, *Mutations* (Barcelona: Actar, 2001).

의 대안적 모드에 대한 요구를 설명해준다. 통치는 플롯화되고 동시에 어느 정도 예견 불능인 도시 조직을 다룰 때 전통적 계획의 지름길에 대한 인식과 연관되는 것으로 보일 수도 있다.

현대 도시는 그것의 증대하는 개인적 특성에 직접적으로 연관되는 감각과 분위기의 도시, 그리고 동시에 집합적 서사와 시나리오들의 도시임에 틀림이 없다. 이런 어느 정도 대립적인 기대들로써, 우리는 콘스탄트의 뉴 바빌론, 그리고 그의 자발성과 계획됨의 조화에 대한 욕망들로부터 멀리 있지 않게 된다. 실제에서 이것은 많은 딜레마들로 이끈다. 이것들은 하나, 혹은 또 다른 방식으로 건축을 위한 건축을 포함한다; 특히 디지털 생산된 건축은 자신의 수행적 자세로써 사건에 기초한 도시적 현실의 피할 수 없는 대립들에 생산적 방식으로 착수하려는 중요한 위치에 있는 듯이 보인다.

파리-해변(Paris-Plage). 세느 강 둑을 종려나무, 모래와 접이식 의자 등이 완벽히 갖춰진 해변으로 변형하려는 것에 기초한 연례 축제는 하나의 제도로 되었다.

첫째, 건축을 도시적 사건으로 환원시키려는 유혹은 그러한 환원이 건축으로 하여금 개인적 감각, 그리고 의미와 상징을 위한 집합적 갈망 모두에 대해 말하도록 하는 것이 가능하게 될 것이라는 희망과 함께 지대하게 나타난다. 구겐하임 효과, 그리고 일반적으로 건축의 스타 시스템은 이러한 맥락에서 이해될 것이다. 그러나 건축은 그러한 수준에서만 수행을 할 수 있는가? 어떠한 것도 확실치는 않다.

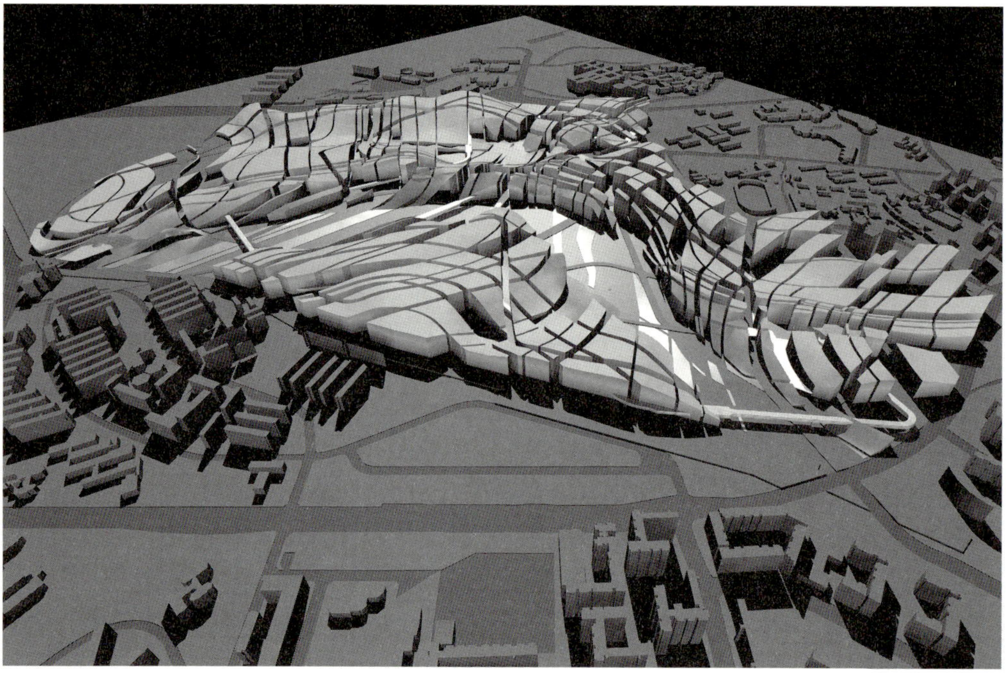

자하 하디드, 싱가포르 북부 마스터플랜, 2001. 자하 하디드 아키텍츠 협찬. 공식적으로는 계획으로 불리지만, 이런 유형의 안은 오늘날의 지구 도시들의 역동성을 전달하기 위해 형태적 유혹을 이용하는 시나리오에 더 가깝다.

건축을 사건으로 환원시키는 것은 또한 컴퓨터의 사용에 의해 육성되기도 한다. 컴퓨터 스크린 상에서는 임시적 형상, 혹은 기하학적 흐름 속의 선택으로서 건축 형태가 발생한다. 그러나 건축적 재현의 사건의 상태가 실제의 구축물로 바꾸어질 수 있을 지는 결코 명확하지 않다. 그럼에도 불구하고 이런 상황은 건축이 노출되는 두 가지의 유혹을 설명해준다: 영향력의 논리에 대한 그것의 굴복, 혹은 소통의 단순한 매체로의 그것의 변형. 두 가지 모두는 장식의 질문, 즉 감각의 요구와 소통의 요구에 동시적으로 착수하는 어떤 것으로서의 장식에 대한 질문 주위에서 만난다.

우리가 건축과 사건들을 연관시키기 위해 선택을 할 때 똑같이 도전적인 것은 공공 공간의 이슈이다. 디지털 문화의 발전으로 인해 공공 공간은 밀고 당기려는 강요에 굴복하게 되었다. 공공 공간을 집합적 환경과 분위기로 환원시키는 것이 예술가와 건축가들에 의해 1950년대 이래로 실험되었음에도 불구하고,34 전자 네트워크들의 현대적 발전은 공공 공간을 상호 작용의 영역으로 반대적으로 해석하는 것에 특권을 주었다고 논의될 수 있다.

아마도 가장 중요한 또 다른 의미 있는 도전은 현대적 삶의 초개인적 변환을 사회적 삶을 의미 있게 하기 위한 집합적 서사의 구축과 조화시키는 것에서의 어려움이다. 주로 사건들과 동족인 스펙터클한 형태를 만들어내고, 다가 올 어떤 집합적 의미의 전제를 구현하기 위한 능력으로 인해 건축은 이러한 도전을 다루기 위해 도시 디자인 보다 더 잘 준비되어 있는 듯이 보인다.

더욱 일반적인 수준에서, 사건들의 도시 원근은 미래를 형상 짓기 위한 디자인 도구의 놀라운 진화를 육성했다. 많은 경우들에서 전통적 계획은 서사와 시나리오들의 노력으로 점차 대체되고 있다. 이 인식론적 전이는 또한 도시 논쟁에서의 스타 건축가들의 현대적 역할을 설명한다. 도시들 사이의 점진적 경쟁

리오 클레멘티 헤일(Rios Clementi Hale) 스튜디오, Fresh Kills Park, 2002. 리오 클레멘티 헤일 스튜디오 협찬.

34 르 꼬르뷔제의 필립스관은 이미 그러한 방향의 실험이었다. Marc Treib, *Space Calculated in Seconds: The Philips Pavilion, Le Corbusier, Edgard Varèse* (Princeton: Princeton University Press, 1996).

의 맥락에서 스타 건축가는 국지적인 도시 시나리오들에 필수적인 매력을 제공할 것으로 기대된다.

계획을 시나리오로 변형시키는 것은 특히 도시의 자연에 대한 관계 속에서 근본적인 진화의 원인이 된다. 19세기–혹은 20세기–계획가에게 그 목적은 뉴욕시의 센트럴 파크가 이런 야심의 최고의 표현으로 되듯이, 자연을 도시 속으로 도입하려는 것이었다. 지속 가능성에 대한 현대적 담론으로 인해, 이것의 원근은, 새로운 공원이 창조되는 최대의 도시적 집하장인 뉴욕 자치구 스테이튼 아일랜드의 프레시 킬즈(Fresh Kills) 같은 복합적 개선 계획을 포함하는, 자연과 도시 사이의 조화로운 공진화의 시나리오를 쓰는 것이다.[35]

내가 지적한 장력과 대립들은 도시 개념의 가장 큰 문제를 사건들의 도시로서 필연적으로 상징하지는 않는다. 그것의 궁극적인 지름길은 기억과 역사에 대한 복잡한 관계에 남는다. 다시 한 번, 디지털 문화의 부상에 대한 관련 속에서 최근에 펼쳐지고 있는 건축의 현재적 운명과 도시 계획들 사이의 수렴은 놀랄 만하다. 건축의 역사적, 기념적 차원의 장력은 역사 감각의 더 큰 위기와 부합된다.

사건들의 축적은 우리에게 영원한 현재 내의 삶의 낯선 인상과 함께 이러한 낯선 느낌의 궁극적 표명으로 되는 인터넷을 남긴다. 인터넷이 비록 그것이 연속적 흐름의 상태에 있는 수천만 개의 바이트들로 이루어진다는 점에서 하나의 역사를 가지고 있으며, 그것이 변화하고 있는 동안에도 동시에 자신의 연속적 상태들의 흔적을 유지하고 있다는 사실에 연결되는 그것의 문서 보관적 차원에도 불구하고, 그것은 영원한 현재 속에 잠기는 듯이 보인다.

그러한 관점에서 인터넷은 세계화된 세계의 특징을 재생산한다. 내가 이미 주시했듯이, 세계화의 "평평한" 세계는 한계가 없는 강화의 과정과 같이 종종 끝이 없는 현재의 빛 속에서 인식된다. 프란시스 후쿠야마는 대략 16년 전쯤에 그의 베스트셀러 「역사의 종언과 최후의 인간 *The End of History and the Last Man*」에서

35 Fresh Kills 계획에 관해선 project, see *Praxis. Journal of Writing+Building*, no. 4, 2002.

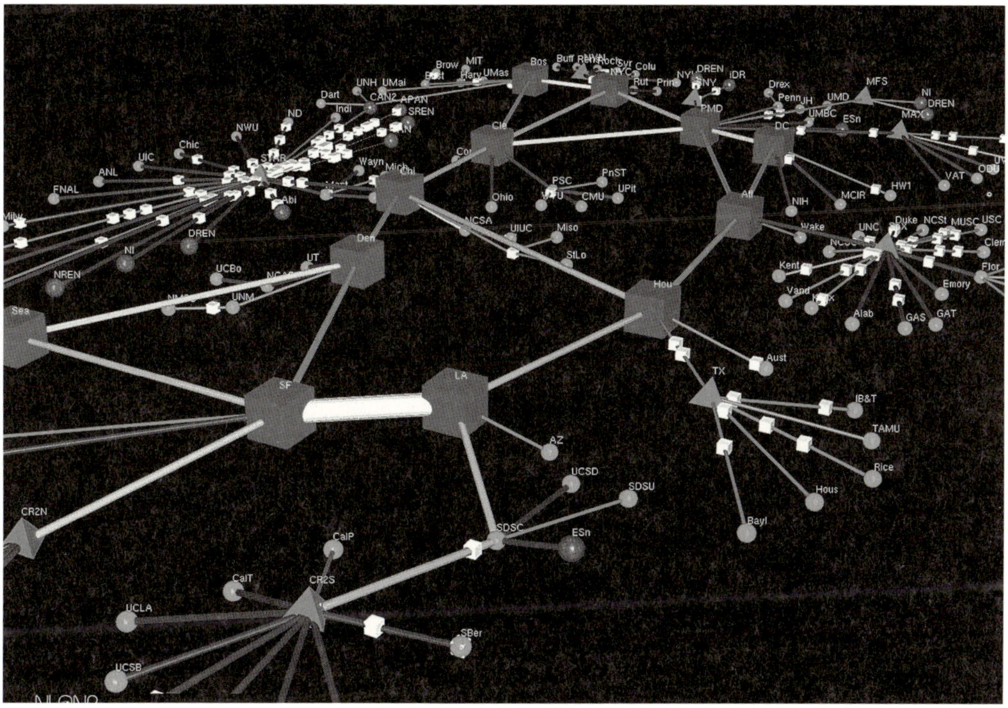


3D 모델, vBNS 네트워크, 2004. 제프 브라운, MOAT/NLANR 모델. 사이버스페이스의 수많은 재현들이 도시의 밤 분위기를 연상시킨다는 것은 우연이 아니다.

이런 접근의 가장 놀라운 표현들 중의 하나를 보여주었다.[36] 모든 종류의 국지적 투쟁들의 다중화에도 불구하고, 자본주의 세계에 대한 어떤 명쾌한 대안도 없는 듯이 보인다는 사실은 우리에게 동일한 종류의 인상에 대한 경향을 남긴다.

세계는 역동성으로 가득 차있다. 정치 세력이 왔다가 사라지고, 전쟁들이 폭발했다 나쁘게 바뀌고, 경제의 전체적 영역이 쇠퇴하고 사라지는 동안 이익의 새로운 자원들이 창발되고 회사들이 새롭게 만들어진다. 인터넷은 정보의 바이트들이 창조되고 순환되는 방식과 매우 흡사한 역동성의 궁극적 표현이다. 실제적으로 정보의 창조와 순환, 파괴는 우리의 현재 세계의 엔진들 가운데에 있

36 Francis Fukuyama, *The End of History and the Last Man* (New York: Free Press, 1992)을 볼 것.

다. 그러나 모든 수준에서 생겨나는 사물들의 다중화는 명쾌한 일련의 패턴들보다는 번쩍거리는 거대한 텍스추어를 창조한다.

이러한 거대한 텍스추어에 연관되어 인터넷과 연관된 가장 일반적인 시각적 은유들 중의 하나가 도시이거나, 혹은 상부에서 바라 본 야간의 활주로라는 것은 놀랍다. 활성화에 중점을 두고, 역사적 진화의 가능성을 어느 정도 쉽게 망각하는 거대한 라스베거스로서의 인터넷: 그 은유는 이미 깁슨의 「뉴로맨서」나 스티븐슨의 「스노우 크래쉬」에서 나타났다.[37] 오늘날 그것은 사이버펑크 소설에 대한 이 선구적 기여들의 시기 보다 더 침투적이다. 전체의 세계는 군사적 전투로부터 헐리웃 소식들에 이르기까지 동일한 흥분으로 모든 종류의 뉴스들을 광고하는 일종의 불꽃 튀는 스트립(sparkling strip)에 비교될만하게 되었다.

영원한 현재의 이러한 보류된 상태 속에서 남는 유일한 역사적 원근은 지구 온난화 같은 최종적 재앙의 위협이다. 정확히 역사의 종말을 야기하며, 이런 원근은 프랑스 철학자 알랭 바디우(Alain Badiou)에 의해 보수적 의제와 대재앙에 대한 불명확한 갈망 사이의 수렴으로 특징지어진다.[38] 바디우에 의해 야기된 보수적 의제 이상으로, 이러한 원근 뒤에 남는 것은 아마도 불활성의 근본적 결여일 것이다. 극소적 변화에 대해 과다하게 민감한 세계, 불활성이 없는 세계는 브라운식 소요의 위험으로 치달으며, 궁극적으로 명쾌한 방향을 상실한다.

이것은 물성과 불투명성, 저항 등의 이슈들에 새로운 조명을 투사한다. 전통적 도시는 사건들로 가득 찼었지만, 구축된 대상물들과 공간들의 불활성과 함께 시작해 수많은 저항들로 상쇄되었다. 대상물과 공간들을 단순한 시설물들로 재해석함으로써 우리는 도시적 삶과 도시적 경험의 안정 장치로 작용하는 그 능력을 빼앗으려 한다. 그것들의 안정화 능력은 의미 있는 변화를 위해 필수 불가결할 수 있다. 우리는 그러므로 디지털 매체의 개념을 직접적 상호 행위를 위한 도구일 뿐 아니라, 지연시키고 심지어는 불투명하게 만드는 것을 증진시킬 수단으로서도 재창조해야 한다.

37 William Gibson, *op. cit.*, Neil Stephenson, *op.cit.*
38 Alain Badiou, *L'Ethique. Essai sur la Conscience du Mal* (Paris: Hatier, 1993), p. 36.

동일한 맥락에서, 건축적 투명성은 적어도 그것의 세련되고 지속적인 형태 속에서 결코 단순히 현상적 투명성으로만 해석된 적은 없었다. 그것은 종종 어느 정도 그 반대의 것, 즉 불투명성을 요구했다.39 동일한 것이 디자이너들이 오늘날 찾고 있는 디지털 매체에 대한 반응에서도 아마도 사실이다. 최신의 기술적, 사회적 유행들과 조화되려는 욕망에 의해 점화된 모든 종류의 발생과 사건들에 대한 극단적 종속에 반대 급부적으로 평형을 이룸으로써, 디지털 문화의 발전에 연결된 오랜 기간의 사회적 역동성에 대한 효과적 반응은 어느 정도 의도적으로 구축된 불투명성과 불활성을 요구할 수도 있다. 그러한 의도적으로 구축된 불투명성과 불활성은 역사적 인식, 즉 오늘날 확산되고 있는 대재앙적 시나리오로부터 구분되어 남는 반면, 현재와는 급격히 다른 미래의 가능성에 대해 다시 한 번 수용적으로 되는 도시적 삶의 전제 조건으로 나타난다.

## 분열된 도시를 향해?

역사적, 기념비적 차원과는 별도로, 우리의 도시적 미래에 관한 가장 급박한 질문들 중의 하나는 우리를 기다리고 있는 것의 응집력, 혹은 비응집력과 관계가 있다. 그 문제는 선험적으로 공간적이라기보다는 더욱 정치적이며 사회적이다. 개인들의 도시가 집합적 가치들로 채워질 수 있는가? 증대된 현실은 태그된 공간과 개인용 디지털 보조기들에 의해 가능하게 된 피상적 상호 작용들을 넘어선 진정한 공공 공간의 재창조와 양립할 수 있는가? 이 질문들은 창발되는 디지털 도시의 도전에 착수하려는 누구에게나 기다리고 있는 아마도 가장 급박한 이슈들 중에 속할 것이다.

2001년에 발간된 영향력 있는 책 가운데에서 현대의 도시적 질문에 관한 두 명의 영국 전문가들인 스티븐 그레이엄(Stephen Graham)과 사이몬 마빈(Simon Marvin)은 도시의 진화가 중대적 분열의 단계로 들어가고 있다는 염세적 가설을

39 Eve Blau, "Transparency and the Irreconcilable Contradictions of Modernity," in *Praxis. Journal of Writing+Building*, no.9, 2007, pp. 50-59.

발전시켰다.[40] 그들에 따르면 초기에 도시적 다양성을 통합하는 것으로 여겨졌던 기술적 네트워크들이 그들이 제공하는 서비스들에 대한 접근 가능성의 관점에서 주요 불균형을 도입하고 있다. 주어진 도시의 모든 시민들을 연결하는 대신 그것들은 도시의 부분들, 예를 들어 비즈니스 구역들을, 군도 속의 섬들과 같이, 다른 도시들의 유사한 부분들로 연결한다. 그들의 분석 속에서 디지털 기술들은 원격 소통과 인터넷들로 시작하여 국지적 단편화와 전체적 연결의 이 이중적 과정을 높게 상징한다. 인터넷을 특징짓는 느슨한 통합을 따르며, 디지털 하부 구조는 일반적으로 조직과 정형화의 단편화된 모드들로 되는 경향이 있다. 디지털 조건은 라이프스타일과 시장들의 점진적 분열과 동의어이며, 그러므로 전체적인 도시적 분열을 증대시키게 된다.

그러한 분석은 사회학자 셰리 터클(Sherry Turkle)이 「스크린 상의 삶 *Life on Screen*」에서 가정했던 단편화된 포스트모던 디지털 자신의 가설을 연상시키지 않는 것은 아니다. 그레이엄과 마빈에 따르면 도시에서 일어나는 것은 터클이 컴퓨터에로 돌린 개인적 정체성에 대한 분해적 효과들과 놀랄 정도로 비슷하게 보인다. 유추를 따르며, 그것은 이제 카츠(Katz)와 라이스(Rice)가 터클의 접근에 반대했던 것과 비슷하게, 그레이엄과 마빈의 분석에 대한 반대를 제시하려 하는데, 그것은 소위 개인적 단편화가 홈페이지 구축이나 블로그 같은 새로운 통합적 역동성들에 의해 역으로 균형이 잡힘을 의미한다.[41]

도시적 수준에서 이 개인적인 통합적 역동성들과 등가물은 디지털 매체에 의해 가능하게 만들어지는 공유된 경험과 서사 속에 잘 있을 수 있다. 가장 직접적인 감각적 경험들로부터 이전의 마스터플랜들을 대체하도록 의도되는 일반적 서사에 이르기까지, 우리는 건축에 점유하는 전략적 위치에 놀랄 수밖에 없다. 우리가 보아왔듯이 건축은 결국 그런 다양한 수준들에서 나타난다.

이 공유된 경험과 서사들의 가능성은 우리가 거주하는 세계의 증가하는 폐쇄성에 의해 보장된다. 페터 슬로터다익이 주장하듯, 우리는 이제 실내, 혹은

40 Stephen Graham, Simon Marvin, *Splintering Urbanism: Networked Infrastructures, Technological Mobilities and the Urban Condition* (London, New York: Routledge, 2001).
41 Sherry Turkle, *Life on Screen*, James E. Katz, Ronald E. Rice, *Social Consequences of Internet Use.*

오히려 전체 행성을 덮는 일련의 실내들–자신들의 이름을 그의 주요 철학적 삼부작에 부여하는 "영역들"(spheres)–속에 살고 있다.[42] 이 일반화된 실내성으로 인해 언제보다도 더욱 밀도의 이전 개념들을 대체하는 집합적 행위로서의 디자인이 문제가 된다. 더 좋건 더 나쁘건 간에 우리는 물질들로부터 건물들에 이르기까지, 국지적인 자연 보존의 경영으로부터 지구 온난화 같은 도전들에 대한 답에 이르기까지, 전 세계의 디자인을 담당하게 된다.

그런 세계 속에서 분열의 과정은 일반화된 실내성의 제약에 의해 필연적으로 제한된다. 건축은 이런 맥락 속에서 상징적 실습을 재현한다. 물질적 현실, 혹은 일반화된 실내성에 의해 함축된 새로운 물성에 대한 새로운 관계의 실험과는 별도로, 역사의 망각으로부터 도시적 수행들의 단편화에 이르기까지 반대로 관찰될 수 있는 모든 경향들에도 불구하고, 그것의 역할은 또한 정치적, 사회적으로 고려될 수 있는 것, 특히 새로운 공공 공간을 창조하는 가능성을 실험하는 것이다. 이것은 침투적인 디지털 문화의 맥락에서 텍토닉에 새로운 의미를 부여하는 것과 마찬가지로 중력이나 불투명성 같은 자질들의 재창조를 요구한다. 이런 방향으로의 진보는 처음에는 순수한 기술적 신기함의 어떤 가장 열정적인 옹호로 거의 퇴보하는 듯이 보일 수도 있다. 그러나 어떤 가장 고대적인 인간적 경험과 개념들의 지속적인 재해석이 아니라면 건축적 담론을 구성하는 것은 무엇인가?

42 Peter Sloterdijk, *Sphären* (Frankfurt: Suhrkamp Verlag, 1998-2004).

# 결론

## 물질적
## 연속성과
## 디자인 실습

이 책의 목표는 디지털 디자인의 영역에서 최근에 진행되고 있는 것의 완벽한 파노라마를 제공하려는 것은 물론 아니었다. 우리가 심지어 우리 자신을 아방가르드 실습에만 한정시킬지라도 총망라를 위해 그것들에 바쳐지는 너무나 많은 디자이너와 계획들, 너무나 많은 책과 아티클들이 있다. 다른 한편으로 폭넓게 건축적 담론을 위해 반영과 실습의 이 넘쳐나는 장이 무엇을 의미하는 지의 이해력 있는 아이디어를 위해서는 거의 어떤 시도도 만들어지지 않았다. 의견과 취향에 따라 사람과 계획들의 등급을 매기고 모든 것을 리뷰하려 하는 대신, 나의 의도는 디지털 디자인의 발전에 연결된 주요 이슈들의 지도를 그리려는 것이었다. 이런 저런 경향들이 자신을 건축 내에서 지속되는 운동으로 변형시킬지 아닐지, 혹은 최근에 "엘레강스함"(elegant)으로 여겨지는 형태들이 지금부터 10년 내에 유혹을 하며 나타날지를 결정하는 것은 아마도 너무 시기상조일 것이다. 그러나 디지털 디자인에 의해 야기된 주요 문제들은 만들어질 수 있다. 그것들의 가장 가능한 어떤 결과들을 예견할 시간은 왔다.

이 일반적인 야망은 나를 현재의 어떤 논쟁들을 형상지은 오래된 진화에 대해 연구하도록 이끌었다. 일반적 실수는 디지털 문화와 디지털 디자인의 선역사와 역사의 무게를 과소평가하는 것이다. 우리가 정보 기반 사회로 이끈 20세기 초의 발전을 제외할지라도, 디지털 문화의 창발로 이끄는 과정은 아주 오랜 기간의 시간에 걸쳐진다, 왜냐하면 그것의 가장 결정적인 어떤 순간들은 컴퓨터의 발명과 SAGE 시스템 같은 최초의 네트워크의 발전과 함께 이미 1940년대에 일어났기 때문이다. 디지털 건축에 있어서 그것의 발전은 단지 디자인 실습에서의 컴퓨터의 최근 도입의 결과만은 아니다. 라인홀트 마틴(Reinhold Martin)이나 크리스토퍼 하이트(Christopher Hight) 같은 작가들이 보여 주었듯이,[1] 침투적인 전산적 원근은 적어도 1950년대 이래로 건축의 발전에 영향을 미쳤다. 우리가 이 에세이를 통해 논의해온 어떤 현상들은 이런 이전 순간들의 계승자로 나타난다.

디지털 건축의 놀라운 발전에 의해 야기된 현대적 문제들은 다른 수준들

1 Reinhold Martin, *op.cit.*, Christopher Hight, *op. cit.*

에서 이해될 수 있다. 나는 내 부분에서 세 가지 수준의 분석을 선호했다. 첫 번째는 내가 "형태와 수행 속의 실험들"이라 부른 것, 즉 기하학과 알고리즘적 실험에 연관된 질문들을 고려한다. 그러한 수준에서 주요 질문들은 디자인 실습에 의해 취해진 방향들을 고려한다. 우리는 스크립팅과 더욱 일반적으로 알고리즘 같이, 기하학적 형태를 선호하거나 계획을 예견하기 위한 더욱 추상적인 방식을 추구해야 하는가? 우리가 형태에 우선권을 주기로 약속한다면 지금까지 유행했던 복잡한 바로크식의 기하학에 대한 탐구의 지속 가능성 같은 또 다른 질문들이 부상한다. 디지털 건축의 미래는 그러한 요구로부터 분리될 수 없는가, 아니면 어느 지점에서 새로운 미니멀리즘이 나타날 것인가? 대답이 무엇이건 간에 그 계획의 상태는 근본적으로 변화한다: 환경적 형식주의에도 불구하고 건축적 형태는 더 이상 불변의 존재를 구현하는 듯이 가장할 수는 없다. 기하학적 변양태의 이론적으로 무제한적 과정 내에서의 단면, 혹은 하나의 스틸로서의 새로운 자질로써, 그 계획은, 우리가 보아왔듯이, 발생, 혹은 사건과 유사하게 된다. 형태는 그것이 오늘날의 수행주의적 경향의 중심에 있는 반면, 전통적 건축 개념과는 조화되기 어려운 존재의 형태로, 문자 그대로 생겨난다.

건축의 장과 큰 진화를 하고 있는 현대의 기술 세계 사이의 관계는 오늘날 문제가 되는 것의 두 번째 수준의 분석을 제공한다. 그것은 스케일과 텍토닉에 영향을 미치는 위기, 혹은 패턴에 기초한 표피에 주어진 새로운 중요성, 장식의 회귀로 종종 해석되는 발전 등을 포함하며 우리가 건축을 인식하는 방식에서의 일련의 근본적인 전이들을 노출시킨다. 이 전이들은 그것들이 우리로 하여금 모더니티가 우리에게 인도했던 건축적 담론의 함축적 정의를 재고려하도록 만드는 만큼 주요 이론적 도전을 재현한다. 이론가들은 그러한 도전에 의해 고려되는 유일한 자들이 아니다. 역사가들 또한 그들의 연구 주제의 함축적 비전에서 기능하려 한다. 그리고 실무자들도 전문업의 재정의로 궁극적으로 이끌 수 있는 진화에 무관심하게 남을 수 없다. 그러한 맥락에서 이론과 역사, 그리고 건축 실무 사이에는 수행되고 있는 실험들을 비판적으로 행하려는 새로운 수렴의 지표들이 있다. 이러한 장들 사이의 수렴은 가속된 변화의 기간 동안에만 생긴다. 우리는 최근에 그러한 기간으로 들어가고 있다.

세 번째 수준의 관찰은 도시와 디지털 매체에 의해 도시에 행해진 변형들을 다룬다. 도시적 차원은 디지털 문화와 건축을 고려하는 이 책을 통해 내가 만든 어떤 근본적 관점들을 개괄하기 위한 기회를 제공한다. 하나는 구체적인 감각적 경험과 내가 물성이라 불렀던 것, 달리 말하자면 물리적 세계에 대한 우리의 관계의 결정적 역할이다. 나는 그것의 최근의 형식주의를 넘어서서 디지털 건축의 목표가 오늘날 창발되고 있는 새로운 물성의 실험에 기여하는 것이라 논의했다. 또 다른 이슈는 대량 주문과 사회적 네트워킹의 시대에 개인의 증가하는 중요성이다. 우리가 보아 왔듯이 비록 그것의 완전한 영역이 단지 최근에야 전적으로 가시적으로 되었을지라도, 이런 개인적 변환은 인간 주체와 더욱 더 정보를 통해 정의되는 세계 사이의 관계의 오래되고 복잡한 역사에 뿌리를 둔다. 마지막으로, 그렇지만 중요하게 현대의 도시적 삶의 시금석으로서의 발생과 사건의 역할이 있다. 다른 것들 가운데에서도 발생과 사건들은 건축적 수행주의와 도시적 전략들 사이의 수렴의 가능한 지점들이다.

도시가 만약 이 세 가지 맥락들을 그리기 위해 일반적 장소를 제공한다면, 그것들을 같이 묶는 것은 아마도 디자이너들을 위한 실제적 수단에 대한 새로운 이해일 것이다. 실제: 그런 식으로 부하된 세계의 이용은 어떤 설명을 필요로 한다. 실제에 의해, 나는 여기서 그것이 물리적이건 전자적이건 혹은 증대된 현실이건 그것이 경험될 수 있는 것으로서의 현실을 의미하고 싶지는 않다. 내 생각에 현실은 오히려 현실을 조직하도록 가정되는 일련의 기저의 법칙들, 직접적으로 관찰 가능한 현상들을 넘어선 법칙들에 부합한다. 그것을 말하는 또 하나의 방식은 현실이 펼쳐지는 것을 가능케 하는 구조적 수준, 혹은 현실의 펼쳐짐을 촉발시키는 가상성으로 현실을 특징짓는 것이다.

문화적 생산으로서, 사회적 상상에 대한 자신의 어필을 넘어서서 건축의 가장 근본적인 야망은 현실에 관한 어떤 것을 전달하려는 계획을 고려할 수 있다. 처음 볼 때, 물론 건축은 사회적 상상에 호소하는, 사회적으로 의미 있는 시각적 함축에서의 역할이다. 이러한 역할은 건축의 추상적 특질의 반대 급부적 균형을 이룬다. 장 누벨의 파리 아랍 문화원이 어떤 특별한 것도 표현하지 않는다고 할지라도, 그것의 파사드는 이슬람 건축의 상부 돌출 창문들(moucharabies)과 거대한 카메라 조리개 메커니즘, 컴퓨터 칩들과 동시에 연관된 데자부의 인상을 전달한다. 그러나 동시에, 철학자 코넬리우스 카스토리아디스(Cornelius Castoriadis)가 논의했듯이,[2] 사회적 상상은 궁극적으로 이미지들 주위로 구축되지 않는다. 그것은 정신적 형상들 주위로 회전하거나 오히려 우리가 여기서 현실이라 부르는 것에 부합하는 것, 예를 들어 공간과 시간을 고려하는 기본적 직관들과 관계를 가져야 하는 것들을 구축한다.

몇 해 전에 발표된 아티클에서 나는 건축가들이 철학과 과학적 언급을 하고 또한 종종 잘못 언급하는 것이 그 바닥에서 이런 종류의 직관을 실험하고 표현하려는 야망에 의해 동기화 되었다는 것을 보여주려 노력했다.[3] 비슷한 경로를 따르며, 나는 이 책의 결론을 많은 디지털 디자이너들이 명백하거나 혹은 함축적인 방식으로 언급하는 실제는 무엇인지에 대한 약간의 고려들로 끝내려 한다. 그것의 수많은 주인공들에 의해 들뢰즈나 라투르, 혹은 슬로터다익 같은 철학자들에 대해 만들어지는 반복되는 언급은 그들이 도해하는 새로운 세계에서 작동하는, 그들이 보는 내재된 법칙과 힘들에 관한 근본적인 어떤 것을 전달한다.

물질적 연속성은 그러한 세계의 가장 근본적인 특질로 될 수 있다. 데카르트의 '육체적 실체' res extensa 로부터 유래된 수동적 공간 내의 장소들을 분리시키는 구별되는 대상물들 대신에, 디자이너들은 임시적인 앗상블라쥬와 마찬가지로 국지적인 최대치와 최소치들을 생성하는 장과 흐름들, 입자들을 보려 한다. 들뢰즈의 리좀이나 라투르의 혼성적 네트워크들을 연상시키는 접힘과 앗상

2 Cornelius Castoriadis, *The Imaginary Institution of Society* (Paris: 1975, 영역본 Cambridge, Massachusetts: MIT Press, 1998).
3 Antoine Picon, "Architecture and the Sciences: Scientific Accuracy or Productive Misunderstanding?", in Ákos Moravánszky, Ole W. Fischer (eds.), *Precisions: Architecture between Sciences and the Arts* (Berlin: Jovis, 2008), pp. 48-81.

블라쥬 배후의 수학적 수행, 굴곡 같은 과정들이 만들어내는 국지적 최대치와 최소치들: 그것들은 실제 수준에서의 실체들이다. 전통적 대상물들이 눈부신 고립 속에서 서려는 경향이 있었던 반면, 이 새로운 실체들은 그것들의 주위 환경들로부터  결코 전적으로 분리될 수 없다. 명확히 잘린 경계의 이러한 결여는 또한 외부적 위치로부터 세계를 더 이상 볼 수 없는 인간 주체에게도 적용된다. 내재성에 대한 슬로터다익 철학의 성공은 실제의 연속성에 대한 이런 넓게 퍼진 직관과 많이 관계된다.

디지털 문화의 가장 놀라운 양상들 중의 하나는 양자와 같은 도약을 무시하는 매우 연속적인 세계의 직관과 함께, 음악 암호화와 같이, 일련의 추상적 수준에서 아날로그 신호들을 변형시키는 것에 기초한 모든 종류의 과정들의 공존에 있다. 그것은 마치 일련의 과정들과 도구들로 가정되는 디지털이 이제 그것의 내재한 인식론과 조화되지 못하게 된 것과 같다. 그것의 추상적 특성은 결국 현상들이 하나에서 또 다른 것으로 이음매 없이 형태 지어지도록 가정되는 세계의 근본적 자질들과 매우 다르다. 그러나 순수한 정보로서의 DNA의 해석에 부여된 중요한 경고와 거대 컴퓨터로서의 두뇌의 순진한 비전의 포기와 함께, 상대적으로 최근에 하나의 모순이 부상되었다. 생명과학들은 결국 암호화와 해독을 자연이 하는 것은 부적절하다는 것을 인식하는 반면, 암호화와 유사한 과정들을 통한 모든 종류의 결과들을 얻으려는 가능성을 상징한다. 그러한 관점에서, 날카로운 대비를 생성하도록 동시에 관리하는 부드러운 전이와 함께, 디지털 건축은 실제의 이러한 새로운 비전과 조화된다.

우리는 연속성에 대한 이런 신념이 어떻게 디자인 실습으로 바뀌는지 궁금해 할 수도 있다. 머릿속에 떠오르는 최초의 현상은 세계화의 과정에 의해 노출된 다양한 힘들과 장들과 조화되려는 욕망이다. 이런 힘들과 장들에 반항하는 대신 우리는 그것들의 불가항력을 수용해야 한다, 궁극적으로 그것들의 내부로부터의 전복으로 이끌 수 있는 수용. 이러한 욕망은 콜하스의 초기 이론적 작품

4 See for instance Sanford Kwinter, *op. cit.*

에서 그것의 가장 놀랄만한 표현들 중의 하나를 발견했다. 많은 경우들에서 그것은 정신과 사물 사이, 혹은 객체와 주체 사이의 이중성의 모든 흔적을 거부하는 새로운 물질주의와 동의어로 판단되었는데, 그것은 샌포드 퀸터의 글들에서 요약된 입장이다.[4] 지속 가능성에 대한 요구는 이 개념을 더욱 고무했다. 탄소 방출로부터 그것의 제한을 가능케 하는 정책들에 이르기까지, 모든 것은 더욱 더 "푸른 혹성" (blue planet)에 연속적으로 연결되는 것으로, 그것은 슬로터다익의 내재성의 철학에 그것의 완벽한 탁월함을 가져다주는 잉여와 경계를 접하는 연속성이다. 그것은 주체와 객체 사이- 라투르의 유명한 대립을 사용하자면 인간과 비인간 사이- 의 강한 연속성의 가능성이 재구성되었던 맥락 속에 있다.

생명 과학으로부터 디지털 디자이너들은 또한 복잡성과 창발 같은 주요 주제들을 얻었다. 복잡성으로부터 떼놓을 수 없는 창발의 개념은 미하일 헨젤 (Michael Hensel)과 아힘 멩게스(Achim Menges), 미하일 바인스톡(Michael Weinstock) 등에 의해 "자연계가 어떻게 자신들을 진화시키고 유지했는지에 대한 설명이자, 형태들을 만들도록 디자인되는 인공적 시스템들의 창조를 위한 일련의 모델과 과정들"[5]로 정의되며 가망성으로 가득 찬 것으로 나타난다. 컴퓨터의 사용을 통해 디자이너들은 시각적 질서를 발생시키기 위해 자연계의 능력을 모방하려 노력한다. 창발은 그것이 매우 우발적이지 않은 듯이 보인다는 점에서 더욱 더 유혹적으로 나타난다. 자신들의 스크린에서 창조되는 형태들의 정당화를 추구하기 위해 디지털 건축가들은 아마도 그것들을 창발의 자기 해석적 과정의 결과로 보도록 끌릴 수도 있다.

들뢰즈 외에도 화이트헤드도 복잡성과 창발에 부여된 강조를 설명하기 위해 종종 동원되는 철학자들 가운데 하나이다. 화이트헤드는 세계를 실체 보다는 과정들 위에서 기초된 것으로 보았다.[6] 그러한 원근에서 퀸터와 다른 자들이 새롭고 급진적인 물질주의로 특징짓고 싶어 했던 창발은 자연과 디자인 모두에 의해 공유되는 근본적 자질로 나타난다.

5 Michael Hensel, Achim Menges, Michael Weinstock, "Emergence in Architecture", in Michael Hensel, Achim Menges, Michael Weinstock (eds.), "Emergence: Morphogenetic Design Strategies", pp. 6-9, 특히 p. 6
6 Alfred North Whitehead, *Process and Reality: An Essay on Cosmology* (Cambridge: 1929, 신판 New York: Free Press, 1978).

여기서 인식되었듯이, 실제는 그것의 보이지 않는 장들과 입자들, 그리고 그것의 창조의 연속적 과정들로써, 디자이너들에게 매력으로 가득 찬 것으로 된다. 그러나 동시에 이런 접근은 무시할 수 없는 수많은 위험들을 제공한다. 첫 번째는 일상의 현실로부터의 일련의 이질성과 관계된다. 자연이 궁극적으로 과정들로 구성될 지라도, 우리는 여전히 매우 현실적인 세계 속에서 매일 매일을 산다.

이런 현실로부터 거리를 두는 것은 종종 디지털 영역 내에서 어떤 구별되는 마술의 혼란스런 느낌을 수반한다. 창발적 패턴과 형태들은 이러한 마술적 변환을 포함한다. 디지털은 컴퓨터 사용자들을 괴롭히는 설명하기 힘든 시스템 동결로부터 스크린 상에서 나타나는 예측 불능의 형상들에 이르기까지 모든 종류의 마술과 같은 발생과 사건들로부터 분리될 수 없는 듯이 보인다. 그것의 마술적 특성은 기계를 재시작시키기 위한 비합리적 타이핑이나 토글링, 혹은 그 결과들이 이해되지 않고 매우 만족스러운 듯이 보이는 행위들의 시퀀스에 대한 의례적 변양태들과 같이, 이러한 발생과 사건들에 대한 대답 속에서 거의 미신적인 행태들을 야기한다. 달리 말하자면 디지털 세계 속에서 우리는 단지 소프트웨어와 스크립트만을 사용하지 않고 비법, 심지어는 주술까지도 사용한다. 컴퓨터와 네트워크들 자체에서도 그것들은 확실히 그것들의 프로모터들이 주장하는 식으로 투명하지 않다. 오랫동안 잊혀진 정보의 보관소, 거대한 도서관의 더미들 속에 부적절하게 옮겨진 책들과 같이 다양한 층들 속에서 상실된 그것들은 단지 이런 잠재적인 디지털 기억 때문에 불가해한 행태를 보이는 경향이 있다. 그것을 하는 또 다른 방식은 그것들에 귀신이 들렸다고 말하며, 이전의 소프트웨어 버전이나 완전히 지워지지 않은 이전 사용자의 선택들에 유령을 앞세우는 것이다.

마술 세계는 역사보다 신화에 우선권을 주는 세계이다. 디지털 건축, 디지털 도시와 역사적 시간 사이의 관계의 모호함은 아마도 우리가 새로운 마술적 영역 속에 들어간 혼란된 느낌과 매우 잘 연결될 수 있다. 컴퓨터와 네트워크들의 일상적 사용에서 우리가 직면하는 모든 신비들에 더해, 수많은 저널과 책들은 우리를 마술의 인상에 거역하기 힘든 디지털 시대의 기적들–연결성과 소셜 네트워크들, 블로그들을 발생시킨 것에 관한 최신의 존재는 진정한 민주주의와 일반화된 저작권의 관점에서 획득될 수 있다7 –로 즐겁게 해준다.

물론 이 마술을 완전히 버리는 것은 슬픔이 될 것이다. 종종 연상되는 어린 시절과 같이, 마술은 독특한 만족을 제공한다. 학문으로서의 건축은 마법의 핵심을 보존하는 동시에 위험을 노출시킴으로써 건전한 균형을 설정하는 것에 기여할 수도 있다. 디지털 건축 속에서 무게, 불투명성과 불활성은 장과 입자들, 창발 현상의 세계로 연결하려는 야망에 의해 반대로 균형을 잡게 된다. 디지털 건축은 우리에게, 고전적 원근 속에서 이러한 실체와 과정들로부터 구별되는 인간들과 같이, 그리고 동시에 그것들의 수많은 속성들과 연속성을 지니는 현대의 주체들과 같이, 그것들의 탄생을 가져다주는 과정들과 실체들 사이에서 어떻게 동시에 살 수 있는지를 가르쳐 줄 수도 있다.

7 See for instance Yochai Benkler, *The Wealth of Networks: How Social Production Transforms Markets and Freedom* (New Haven, London: Yale University Press, 2006).

# 찾아보기